No
Work
No
Fun

不快樂，就不是工作

決定了工作有趣與否的
並非所發生的事，
而是看待它的視角。

千場弓子 著
陳亦苓 譯

楽しくなければ
仕事じゃない

前言

首先，非常感謝各位台灣的朋友選擇本書。就和每個曾到訪台灣，或曾被派駐台灣的日本人一樣，我也是自從去過台灣一次，就成了台灣的粉絲。

事情是這樣的，二〇一六年的春天，有個認識的學生來聯絡我，說他與朋友一起創業，建立了名為「本TO美女[1]」的網站，想請我接受他們的開站首訪。不會吧，美女？瞬間，我忍不住笑得合不攏嘴。不過，認真聽了說明後才知道，那是個主要以求職新鮮人美女們，以及為了這些美女而來網站的男學生們為目標對象，由人生的「大前輩」（！）來傳授經驗的「大師說」專欄（笑）。

實在是因為露出「什麼嘛～」的失望態度會太丟臉，我只好一聲不吭，面帶微笑地接受了我一度想予以雇用的這位有為青年的請求。

他們帶了三個主題來問我，分別是「職涯規劃」、「模範」，以及「工作與生活的平衡」。希望我能針對他們這些即將踏入社會的年輕人，提出「到底該怎麼做好」的具體建議。

我不由得暗自竊笑，心想「你們這是飛蛾撲火吧」。這些不都是平常被我列為「造成年輕人的不幸」的玩意兒嗎！

此話怎講？其實，就如本書內文所寫的，只不過那篇訪談是放在網路上，所以「暢所欲言」的程度遠高於本書；雖然是放在才剛創立的網站上，但不知怎的就這樣傳了開來，甚至還登上了YAHOO!的版面。

後來，在見面的會談中，就開始有人會以「雖說千場女士很討厭職涯規劃這一詞彙……」之類的話做為開場白。

但，這不就證實了，有很多人在潛意識中，都有著跟我一樣莫名的、小小的不對勁感？

1 字面意義為「書與美女」，日文諧音之意則為「真正美女」。

因而在編寫這本主要以年輕朋友為目標讀者的關於工作方式的書時，我便決定將這類「在與工作有關的建議中，通常被認為必須做的正確行動」的關鍵字列出，並嘗試帶入不同的「觀點」。

我總共列出了十個，寫成十個章節，不過收錄於各章中的項目，不見得都是站在反對該章主題的角度。說是從該主題聯想到的觀點或許更為正確，這點還請各位見諒。

雖說現在才想到要自我介紹也未免太晚，不過還是讓我簡單說一下。我經營了一家名為 Discover 21 的出版社，我差不多是從 0 做到 1，又再從 1 做到了10。至於出版了哪些書呢？基本上除了漫畫、雜誌和學術著作外，其他幾乎都有，但以商管書、自我啟發等書籍為主。

最初是以類似同好會的節奏展開，我一直希望維持著新興的局外人立場，然而回過神來卻發現，二〇二〇年時已創業三十五週年了。員工也有近百名，至今出版過的書籍已超過兩千本。

是說，最近創業三年就ＩＰＯ（Initial Public Offering，首次公開募股）或者員工多達數百名的年輕新創公司老闆並不少見，所以我這等級也沒什麼好拿來說嘴的，真是不好意思。不過，既然各位願意撥出自己的寶貴資源來閱讀本書，我在撰寫時可是抱持著使命感，希望本書的內容能讓各位至少有那麼一瞬間「改變了觀點」。

就如同之後會提到的，畢竟「改變觀點，改變明天」也正是Discover 21的中心價值。

因此，我想在本書中達成的任務與Discover 21所出版的書籍一樣，都是要「改變觀點，改變（讀者的）明天」，而不同於過去的是，以往我一直是以編輯的身分協助作者達成該任務，但這次必須由我自己來達成此任務。

這壓力還挺大的……

另外，我還想藉由本書貫徹一項使命。

亦即本書書名所揭示的，我要「告訴大家享受工作的樂趣」！

當初也有人對於書名《不快樂，就不是工作》提出反對意見。反對的人認為「世上有很多人雖然想要樂於工作，但卻被迫做著無法享受樂趣的工作。這門檻實在太高了」。

真是如此嗎？

或許吧。

可是，占據了人生大半時光的工作，無論如何都要做的話，開心地做豈不是比較好嗎？

就像內文中也有提到的，決定了工作有趣與否的並不是所發生的事，而是看待它的方式，是該本人的選擇。做同樣一件事，有的人面帶笑容，但也有人一直板著一張臭臉。

並不是因為有開心的事所以才很享受，而是決定了不論做什麼都要享受，所以才能樂在其中。

換句話說，享受也是一種能力。

而這並不是與生俱來的能力。這是需要仰賴練習和所謂改變觀點的小技巧，才能夠培養出來的能力（我就是個活生生的證據！我以前也是個性格陰沉的人!?）。

各位首先要做的就是，下定決心學會這種能力！若已具有這種能力的人，則要想著「還可以再更享受一點」。

這是第一步。

接著，在閱讀本書的過程中，你會自然而然做好磨練該能力的準備。讀完本書後，若能看見稍微不同的風景，發現主管的那張臉看起來不太一樣的話，表示你已經跨出了第二步。

上述的想法便是我在撰寫本書時，賦予自己的使命。

但是！

若你因此就期待本書充滿溫和的話語、和藹可親的輕鬆氣氛，那麼很抱歉，本書可能和你想像的不太一樣。

在我玻璃隔間的社長辦公室裡，有兩個裝飾的小型「裱框格言」之一，是本田宗一郎先生的名言。

「世上有有趣的工作，但沒有輕鬆的工作。」

有趣不等於輕鬆，甚至可能恰恰相反。

所以對某些人來說，書中有些部分或許會讓人覺得很嚴厲。

但也正因如此，之後你才能「看見不同的風景」。

接著，「明天才會改變」。

能與各位一起改變明天，是我最大的夢想，也是野心。

話說回來，那另一塊裱框格言上寫的又是什麼呢？

我寫在內文裡了，請好好享受閱讀的樂趣囉！

目錄 CONTENTS

CHAPTER 2 誤導工作人的10個關鍵字之2 ——效率

CHAPTER 3 誤導工作人的10個關鍵字之3——以興趣為工作

CHAPTER 4 誤導工作人的10個關鍵字之4 ——實現夢想

CHAPTER 5 誤導工作人的10個關鍵字之5——模範

CHAPTER 6 誤導工作人的10個關鍵字之6——工作與生活的平衡

誤導工作人的10個關鍵字之1

chapter 1
職涯規劃

人生不會按照規劃走，所以才有趣！

——你現在看到的未來，就是全貌了嗎？

「職涯規劃」這個詞彙不知是從何時冒出來的。若是已達到一定年齡的人也就算了，但每次從年輕人口中聽到這個詞，總覺得好像有哪裡怪怪的。

當然，規劃職業生涯這件事本身並不是壞事。

基本上，事先預料到自己可能會轉職跳槽、原本任職的公司可能會倒閉，又或是被中國公司併購等原因而導致自己被裁員（或是有這樣的心理準備），與完全沒預料到這些可能性，這兩者的職涯發展想必會有很大的差異。

不論將來是否換工作（畢竟現在已是人生百年時代，我認為今後不換工作的人應該會變得相當少），與其每次遇到人生的轉折點都從零開始、重新出發，利用過去所累積的經驗來連結下一步，是較為理想的方式。因此，最好還是要有意識地培養這樣的連結技巧，這點毫無爭議。

問題在於，到底未來需要具備何種技能才能受到重視，或是何種技能是最基礎、必備的，其實我們並不清楚。

從這十年間的網路發展看來，或者從這五年間中國的進步狀況看來，又或是從這三年間AI的進化看來，截至目前為止的趨勢潮流，只看得出為將來做好準備根本是毫無意義的。

今日所發生的，絕大多數在三十年前，在某個程度上都已被預測到了。只是大部分人都沒料到竟然這麼早就發生。尤其這十年來，網路與AI技術的進步速度更是以加速度的方式持續增快。可被AI取代的「技能範圍」大幅擴增。

在這種情況下，現在做出的職涯規劃到底能夠適用多久？

更何況，就算不考慮適用期間多長的問題，畢竟「現在」做出的規劃，是以「現在」的自己為基礎，是基於「現在」的自己所看出去的世界。

可是這個世界，就只是你現在眼前所見的樣子嗎？
你的未來，就僅限於現在眼前所見嗎？
把你的可能性侷限在你現在所想的範圍內，真的好嗎？

從年輕開始就拘泥於求職活動，在諮商人員的指導下勉強做出職涯規劃，而斷送了日後無限擴大的可能性，真的好嗎？這便是問題所在。

實際上，我就曾遇到過一些年輕人，由於過度講究職涯規劃，而不願意做偏離其規劃的工作。

其中有些人很明白地說出來並選擇離職，但也有一些是姑且先接受，然後再偷偷地另覓新東家。另外，也有人會把這段從「岔路」到回歸自己決定的「正道」的期間當成一種試煉，拚命忍耐地努力工作。

不論是哪一種，這些人都可能封住了通往自己想像不到的世界入口。就這樣把自己封閉在為數不過二十幾年、且還是以孩子眼光所見的世界裡。

換言之，**職涯規劃的最大問題就在於，把自己的可能性侷限在現在的自己上。言語擁有超乎想像的力量。即使只是為了填寫應徵資料而急就章地掰出來的職涯規劃，一旦化為具體字句，便會成為事實，並且定義我們。**被固定下來後，將會引導我們朝著該言語所指示的方向前進。

你終究會成為你心中所描述的樣子——這句話最早不知是誰說的，總之很常出現在許多偉人的名言裡。所以人們才會說，如果橫豎都要想的話，就想得大一點、想得好一點。

但真是如此嗎？

很多時候，**現實中所充斥的可能性之多，超乎我們的想像！**

以我為例吧，在三十歲以前，壓根都沒想過自己會當上「社長」。我只想著，若能在與地位及權力等皆無緣的世界裡，以編輯的身分，一輩子編輯著自己喜歡的書就好了，或許某天自己也能寫書（小說）就好了。

即使在因緣際會下，受命擔任社長一職後，我也不覺得自己適合這份工作。直至今日依舊不確定自己是否適任。

當時，只是因為與周圍的人相比，自己似乎最能勝任，當下好像也別無選擇，所以就接下了這個重責大任。然後便靠著責任感一路做到了今天。

不過，自己的許多可能性都是在做了之後才被激發出來的。

這讓我得以擁有「如果不嘗試，就永遠不會知道」的觀點，也讓我能夠存活在這個世上。

如果要規劃職涯，最好別限縮選項，要盡量擴大選擇範圍才好。

而且不要只做一次就結束，要一次又一次地重新規劃。每年，喔不，每半年，又或許每一季都該重新規劃一次。

若發生了不在職涯規劃內的事情，也要臨時重新規劃一下。
我認為若是像這樣規劃的話，那就行得通。亦即**以假設的形式來做職涯規劃。**

容我再說一次。

這個世界真的是你現在眼前所見的樣子嗎？
你的未來，就僅限於現在眼前所見嗎？
把你的可能性侷限在你現在所想的範圍內，真的好嗎？

人會帶來機會

但你必須為幸運的相遇做好準備

除了職涯規劃外，還有一件事是「認真的」年輕人也很容易去做的，那就是為了提升職涯發展而做的一些學習。

例如，大量閱讀話題性的商管書、參加研討會及演講活動、就讀在職研究所、取得MBA學位、以多益八百六十分以上為目標，又或是學習撰寫文案、學行銷、學習程式設計……等等。

學習本身不是壞事。甚至，我認為人的確應該要持續學習與工作相關的技能。**但千萬別誤以為只要多學習，就一定能提升職涯發展。**除了醫師國家考試及司法考試等部分國家資格外，能夠為你直接開啟某些道路的，也只有大學入學考而已。

到底是什麼才能提供你職涯發展的機會？其實主要還是「人」。

從小事到大事，人生的所有轉機都是由「人」帶來的。與某人的相遇，將會非連續性地來改變你的人生。

而且這些相遇多半會引導我們改變方向，很可能會稍稍偏離原本的連續直線（有時甚至會完全轉向）。感覺上就是雖然方向有些偏離，但確實是向上發展的。

我就是這樣過來的，其他許多比我更偉大、更優秀、更成功的人也都這麼說。

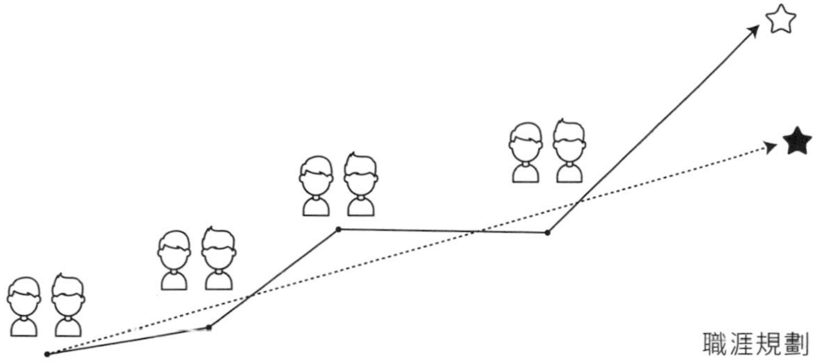

既然如此，那學習是為了什麼？當然就是為了與此機會之神相遇。學習是為了在相遇時發現這個人能為你帶來機會，同時也讓對方覺得你值得這個機會。

不論機會還是運氣，終究都需要準備。四葉幸運草的種子也是要在耕好的土地上才會發芽。

但我要警告各位，在這部分，會有兩個陷阱最好要先瞭解。

一是，雖說準備有其必要性，但有不少人會認為要再多準備一些、再多學習一點，才能與那個人相遇。這樣的心態與其說是猶豫，其實就是擔心害怕，這樣是無法獲得對方認可的。一直抱持著「等我再準備得更確實、更好……」的想法，那麼，就這樣準備下去，永遠都準備不完。

只因為在準備的過程中不必面對失敗。

而與學習相關的另一個陷阱，是**忘了學習本來的目的，錯把學習本身當成了目的**。原本應是為了與可能帶來機會的人相遇而做好準備，所以展開學習；但卻在朋友提出「要不要去聽〇〇的演講？」等邀約時，以「我要念書」的理由予以拒絕!?

這和本來是為了增加自己的吸引力而上健身房，後來卻不知不覺地追求起根本沒人有興趣的六塊肌；內心為了贏得王子而展開的減重與美容等活動，卻轉變成了與增加吸引力相反的自我滿足及同性競爭是一樣的。

畢竟將手段目的化，是我們人類最擅長的模式。

這麼說來，我其實也是沉迷於令同齡男性望之生畏的抗衰老美容!?（效果相當值得懷疑就是了……）

困惑的時候做就對了，獲得邀約的時候去就對了

——機會總在意料之外

舉個例子，就像走森林步道。一開始照著地圖走。走著走著，遇見一條岔路，而岔路前方有個小隧道。那是廢棄的礦車軌道，遠處看得見出口。看起來挺恐怖的，但還是想走走看。若是迷路，就先前進再說，反正也不可能遇難。

有點想試試看，但又覺得有些丟臉。有點可怕，有點麻煩，該怎麼辦才好……日常生活中應該經常碰到這類情境。

這時，通常**編輯會選擇「若是迷惘就先做再說」**。像這種行動派的人就適合擔任編輯工作。**喜歡走吊橋甚於石橋的人比較適合做編輯（我個人是這麼認為）**。

那麼，經營者又是如何呢？雖然我不知道正確答案，不過，對我而言，經營者應

要評估最糟狀況的風險，若是能接受，就放手一搏；或是讓員工去嘗試。而那個可接受範圍代表的是公司的規模，也是經營者的度量。

所謂獲得邀約就積極參與，以及若迷路就先走出去再說等，都屬於「若是迷惘就先做再說」的範疇中。

先前我曾提過機會是由人帶來的，而這也正是「為了能遇見那種會帶來機會的人，該怎麼做好？」的答案。

亦即「**獲得邀約就要積極參與**」！（但我不建議年輕女性一獲得大叔的邀約便立刻上鉤，不論對方是受訪的官員、自己欣賞的藝人，還是自己很尊敬的記者）

偶爾總會有同事、上司、朋友，或客戶來邀約說「有個〇〇聚會活動，要不要一起去參加？」

這類聚會通常是你不太感興趣的那種，因為對工作似乎也沒什麼幫助。雖然自己是有空的，但你可能會覺得難得沒安排事情，想早點回家。

像這種時候，如果確實有空，即使有些勉強也最好去一下。

通常有人來邀約時是最佳時機。基本上，一旦連續拒絕兩次，就很難有第三次。而連續拒絕三次，「這輩子就不會有第四次了」。

更何況，那些會帶來出乎意料的機會的人，往往都是自己不太有興趣的人（所以才「出乎意料」嘛）。

既然自己不太有興趣，就不會自己主動去遇見。換言之，除非是有人來邀約、介紹，否則你根本不會認識這些人。

所以，你是不是該珍惜這些興趣與自己不同的人呢？

同樣道理，那種儘管先前已經報名要參加，但到了當天卻覺得好麻煩、一整個提不起勁的研習會或交流會等，都是絕佳機會！

根據我的經驗，正是這種時候特別容易有出乎意料的相遇。雖然並不總是如此，不過以我來說，這機率可是高達百分之四十左右呢！一直以來，我認識的許多新作者，以及後來還一直有來往、志同道合的朋友，都是在這類場合遇見的。

每次的相遇都讓我覺得，竟然有這麼棒的人、這世上真是人才濟濟、人不管到了幾歲都能交到新朋友呢。

機會總是在你的意料之外。總是在你平常做的事、經常見到的人之外。

不試試看，就只能和現在一樣，或是一直處於今日延長線上的預期內狀態，**若你願意嘗試，意想不到的事就有可能發生，而且是非連續性地發生。**這是很有趣的，也將會創造出下一步。因此，總之要試著勇敢跨出去。那會創造出新的現實（意思就是，人人皆沙特[2]!?）。

2 沙特為法國著名哲學家，主張人類能夠創造現實。

學習的方向要既深且廣

永遠比別人要求的更進一步

為了能夠遇見、認識不同的人，學習有其必要。「那麼，到底該學些什麼？」是我經常被問到的問題。

以商務人士的學習來說，主要有兩個方向。一是往下深入鑽研，另一個則是朝橫向擴大範圍。哪個方向比較好？

我的答案是，**要既深且廣**（別緊張，其實也沒什麼大不了的）。

為什麼需要廣泛呢？

因為就如前述，**機會是存在於自己的框框之外。**

若是太狹隘，相遇的場合就有限，能遇到的人也有限。即使相遇了，能夠談得來的人也會相當有限。

那又為什麼需要深入呢？
因為**擁有特定專長領域做為自身軸心的人是很強的**。
這樣的人能透過框架之外的知識吸引人們，對任何事物都能深入理解，掌握與其他領域共通的事物本質，並獲得通用知識。

藉由深入鑽研，便能貼近事物本質。
一旦貼近事物本質，就能與其他領域的本質產生共鳴。

只要擁有了一項深入精通的專業，之後只需一定程度地專心學習，便足以看清本質。例如，從物理定律看出歷史定律、從基因的運作機制找出與組織管理理論的共通點……等等。

於是粗淺但廣泛的學習便由此而生。

人們常說，學會一種技能平均約需花費一萬個小時。即使以職種為專業，算起來也要花費近十年的時間。

十年聽起來或許很久，也令人卻步，不過，三十年就有三個十年。例如花三十年成為一個既會英語又能做銷售業務的編輯（這不是在說我）。

雖說這是職涯理論的重要參考標準，但這裡所謂的深入並不是那麼嚴謹、正式的東西，**而是指藉由熱衷投入一個月到一年左右期間就能夠達到的程度。**

就我而言，這或許就是職務獲益，亦即因工作而獲得的特權。

例如，二十幾歲擔任雜誌編輯時，某次負責的是護髮特集，於是我一整個月徹底研究了許多護髮相關的資訊，就連燙髮及染髮的化學作用都做了相當詳細、深入的理解。

負責餐桌布置特集時，從「早餐怎麼會出現卡芒貝爾起司？」（我二十幾歲時搞砸的雜誌照片）之類的餐點常識（？）到cutlery（刀叉餐具）這個名稱的由來（據說是十六世紀時，從佛羅倫斯的麥第奇家族嫁入當時法國下層皇室的卡特里娜公主，因為把專業廚師和刀叉餐具等當成嫁妝一起帶進法國，所以刀叉餐具才有了cutlery的稱號。是說難不成在那之前，法國人都是用手抓東西吃？）我可是連這類邪門歪道級的世界史都徹底複習過了。做冥想特集時，有關今日稱做正念的相關知識，我研究得比誰都更透徹。

在Discover 21出版「大小姐系列」書籍時，我對上流階級（？）的講話方式、生活習慣及財物用品等都有精準的掌握，甚至還讓兒子去念了上流家庭孩子念的幼稚園（不過從沒能成功讓大家誤認我們是上流階級……），自從開始出版商管書後，邏輯思維、會計等，只要是與該書主題有關的知識，我也都有相當深入的理解。總之，以編輯的名義，直接從身為專家的作者那裡學習，這當然是一種職務獲益。

不過我認為，其實任何工作都能夠獲得這樣的利益。

例如拜訪新客戶時，要進一步調查該客戶所屬業界的相關資訊，並且調查得比實際所需更深入。

第一次寫企劃書時，不僅要徹底研究企劃書的寫法，更要抱著兩週內成為專家的決心認真學習。

總之，就是跟它拚了。

永遠比別人要求的更進一步

這就是訣竅。

就這樣把接到的工作、決定要做的工作，一個一個地、一點一滴地，越做越深入，使之逐漸成為自己的一部分。這就是既深且廣的學習。

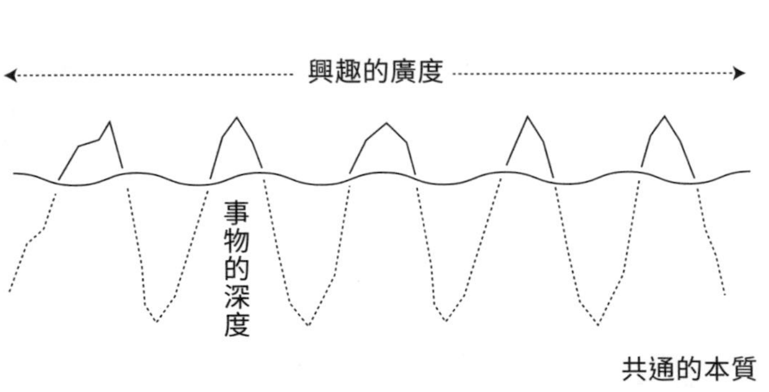

如此一來，對商務人士既深且廣的學習而言，關鍵在於**受各種事物吸引的「興趣的廣度」，以及能有一段時間熱衷投入的「專注力」，還有到了一定程度便會將興趣轉移至其他事物的「善變度」**（讓我們把自己的善變給合理化吧！）。

「那麼，該如何擴大興趣的廣度？」也是我經常被問到的問題。

在這部分，最佳解決方案就如先前提過的，即使毫無興趣，「只要獲得邀約就積極參與」。不過，這還是會陷入雞生蛋蛋生雞的問題，而我則是採取另一種辦法，強迫自己做點更深入的研究。

因為**不論什麼事都能更深入一點來探究，自然而然地便會產生興趣**。

要知道深度與廣度之間的關係並非相互衝突、不可兼得。

以此邏輯看來，**突然被指派了某些偏離自身職責範圍或自己想做的工作，其實是求之不得的大好機會呢！**是一種能讓自己對以往沒興趣的事產生興趣的好機會。

與其吸，不如先吐

商務人士的學習目的應在於輸出

二十幾歲時，我擔任女性雜誌的編輯（當時負責流行服飾、美容、室內設計），正是瑜珈熱潮興起的時候。

而我的工作就是要在趨勢成為趨勢之前，搶先一步確實掌握，並企劃特集內容，於是便立刻跑去體驗了。儘管才學了貓式等基本動作，也做出特集，但和其他的事情一樣，我這個人就是三分鐘熱度。話雖如此，自己還是有學到一點東西，至今仍未忘記。

那就是呼吸。深呼吸的順序。

也就是先吐再吸。只要把氣都吐完了，即使不刻意吸氣，空氣也會自然而然地進入到身體。說來丟臉，在學瑜珈之前，一聽到「現在請深呼吸！」時，都是先吸氣。

這和商務人士的學習有異曲同工之妙。
說到學習，大家通常都會先想到輸入。總之，先努力輸入。
結果胸口和腦袋都裝得滿滿的，在工作上卻完全沒有變得比較厲害。也沒替周遭帶來什麼好的影響。
這樣的學習到底目的何在？
不就是為了輸出？是為了提升輸出的品質對吧？是為了增加輸出的量能，對吧？

商務人士的學習目的應在於輸出。

該怎麼做呢？

別吝嗇，就是要把你現有的全都先吐出來。

自然而然地，那些新的智慧、技術、資訊等便會進來。

（以輸出為目的的學習方式，在今日或許已被視為理所當然，但在十幾年前，所謂商務人士的學習，可能是針對多益或記帳等資格考試，又或是屬於文化教養類。對此提出了新的概念思考的，是由敝公司出版、勝間和代女士所寫的《年收入增加10倍的學習法》，這是我相當引以為傲的。

雖說我也沒想到當初向勝間女士提議寫一本以工作輸出為目的的書，竟然收到「年收入增加」的企劃，我自己也嚇了好一大跳，至今都還能看到不少因為讀了勝間女士所寫的書而在職涯上有所發展、人生有所改變的讀者們表示感謝呢）

很多人，多半是完美主義者，會吝於輸出自己的構想，一心覺得要再進一步琢磨，要等待合適的時機到來，一直小心翼翼地不斷累積。

但，若是那個琢磨半天的構想結果是行不通的呢？

應該會非常沮喪吧。就算沒有很沮喪，不斷累積的時間也都浪費掉了。如果橫豎都有可能行不通，還不如快快輸出，就能趕緊進行下一個構想。

吝於輸出的人，應該是希望能等到計畫完美、準備充足為止。因為被否定是很可怕的。

但是，在那樣持續累積的過程中，情況會不斷地改變，原先的構想會越來越過時，於是就需要一再更新版本，結果「準備期」就會永無止盡地延續下去。

永遠在準備的青年！這樣好嗎？

在這方面，建議大家最好仿效一下美國人。即使是不怎麼樣的意見，什麼都好，總之都把它吐出來。只要輸出了，不論結果如何，用於進行下一步的資訊便會進來，而且是自然而然地聚集過來。

不要解釋，說出你的意見

發表意見很危險，但保持沉默更危險！

不論是在開會還是閒聊時，總會有人保持沉默，一直不發表意見。就算開了口，也只是在「解釋」當下的討論內容（通常發表的大多是半調子優等生），雖然有時候有點幫助，但持續如此就會令人感到厭煩。

解釋並不是輸出，說出自己的意見才是輸出。

到底為什麼不輸出呢？讓我們試著推敲這中間的理由。一旦輸出，必定會引發某些反應。可能會被稱讚，意見會被採用，也可能獲得觀點相同的知己。但也可能被反駁，甚至被攻擊。若在網路上的話，就有可能會掀起一場論戰了。

最重要的是，這有洩漏腦袋瓜程度的風險。如果真的會遭遇這些事，那還不如保持沉默比較安全，更何況比起熱切地講述自己意見的人，稍微從旁冷靜解釋的人，通常顯得比較聰明!?

但這是很危險的。真的很危險。一開始是「雖然有意見，但選擇不說」，然而當這樣的狀況一再重複，人就會漸漸變得不去思考自己的意見。一旦持續下去的話，最後想講些什麼也沒有意見可講了！

擁有自己的意見，就是擁有自己的見解、擁有自己的使命、擁有各種判斷標準。

也正因如此，才能產生出各式各樣的創意及構想。如果這些都沒了的話……？

如果一個人已經接近這種狀態，該怎麼辦好？其實，發表自己的意見也是一種練習。不論開會還是閒聊，又或是一個人在閱讀網路文章等時候，都可以試著說出「我的想法是……」，嘗試表達意見。務必要下定決心說出口，並且確實執行。

就和呼吸的原則一樣，總之先吐出來，自己的意見、構想、判斷標準、見解及使命等，才會逐漸孕育成形。

回報的法則

——回報必定有，只是並非來自該本人

在輸入前先輸出——這原則在人際關係上，也同樣適用。

若是有想為對方做的事，最好要主動去做。

別等著對方為你做了些什麼後，才回報他，要主動付出才好。

如此一來，當你有需要時，就必定能獲得幫助。但你不能因為對方沒有「回報」你，就開始怨恨起他來。如果沒獲得對方的回報就心懷怨恨，那你乾脆怨恨所有人算了!!

是的，絕大多數人都不會回報。基本上，他們不覺得那是別人的恩惠，他們認為

那是自己的功勞。就跟你一樣。

其實，回顧一下自己的人生，我發現自己受到太多人的照顧了。從幼稚園到大學的許多老師們、朋友們、第一個上司、第二個上司、現在的老闆。眾多的前輩與後進們、諸位作者們，以及包括已離職的所有員工們。不只如此，從常去店家的老闆及店員們，到小孩的保母和老師們、在電車裡曾幫助過我的陌生人們，當然還有父母及親戚、老公和兒子……等等。

但對於這些人，我幾乎都不曾好好地回報過。回想起來，當時的心態大多覺得理所當然：都是自己的能力才會走到當下那一步。

如今到了這年紀，我才終於體悟到這個道理……

不論你為別人做了些什麼，付出了多少，都不見得會立刻獲得回報。

甚至，這些回報還不會回到你身上。

回報這種東西，不能預設是來自該本人的。

但是，那個人會為別人做出你曾為他做過的事，這個世界就是這樣運作的。在這樣的循環下——

終有一天，「回報」又會從你未曾為他做過什麼的人那裡，回到你身上。

我想可能是這樣吧。

誤導工作人的10個關鍵字之2

chapter 2
效率

說效率還太早，十年後再說吧

人生的樂趣就在「多餘」和「不必要」裡！

我偶爾會問公司裡的年輕員工：

「如果做出的成果相同，你覺得用百分之八十的力氣搞定，和花百分之一百二十的力氣完成，哪個比較了不起？」

得到的答案通常都是前者。

如果換一個問題：「你覺得以五十的投資取得八十分而合格，和以兩百的投資取得一百分而合格，哪個比較了不起？」

當然，這題大家也都選前者，後者的效率實在太差。有些人甚至會說：「如果是做生意，這樣會賠錢吧？」

確實，做生意的話這樣是會賠錢的。但，我說的是個人的成長，指的是年輕員工的成長。

說效率還太早，十年後再說吧！

（看似）浪費掉的那百分之二十的力氣、一百的投資，並不會消失。**這些都會實實在在地留在那個人身上，並且成為下一次成長的基石。**

而且不止如此。

即使成果看起來一樣，在水面下擁有好幾倍深度的冰山，和全都浮在水面上的浮冰，兩者間的差異，內行人一看便知。

更何況，若只是不犯錯、有效率地完成任務，那終究只會是一時的工作，日子久了便會忘記；然而，曾經一度徹底深化的，則會成為自己的血肉，今後與之有關的一切，都再也不需要學習。**長遠看來，這樣其實更有效率。**

總而言之，我覺得比起一進公司就能靈巧迅速地完成所有任務的人，反而是笨拙但不惜用盡全力挑戰任務的人，在經過十年後，往往都還能持續成長。雖然需要多花些時間，但兔子和烏龜的教訓至今依舊存在。

就在我宣揚這個觀點時，前幾天，在六本木學院之丘的藝術學院，一場東京藝術大學研究所教授長谷川祐子及腦科學家中野信子等人的演講課程中，我聽到了一個非常有趣的說法。

排除了非生產性事物、阻絕了浪費的組織（從小型團體到國家層級）都會造成衰退，應該是說正在持續衰退中。

她們舉了巴西里約的嘉年華為例，即使不用上拉到那麼國際化的等級，認真想一想，在我們社會中，確實存在著很多對AI來說毫無必要性的「浪費」。諸如斥資上億所舉辦的煙火大會之類。還有為了讓自己疲憊，特地背著大行囊，並冒著可能滑落山谷摔死的風險去登山健行等。正是這類「玩樂」的「無用」耗費，感覺起來才像是真正的人生。

至少，**人生的樂趣不就是存在於這樣的「多餘」和「不必要」裡嗎？**

若是只考慮效率，那就不需要主廚了，單靠營養補充品來獲取所需營養即可。相同的，也不需要流行服飾了，只要有能夠保護身體免於外界侵害的維生服就好。

如果機會存在於「框架」之外，
樂趣就是被排除於「框架」之外的東西，
又或是存在於超出框架外的事物之中。

成果超越預期的「一百二十分主義」

若只是符合預期，別人其實很難稱讚得下去……

學校的考試不會有超過滿分一百分的成績。再怎麼優秀的一百分，和勉勉強強達到的一百分，其實都是一樣的，但工作就不同了。

在工作上，若是被告知考一百分是你的工作，很多人就會認為自己考到一百分就可以升官加薪，那只不過是做到符合目前薪資價值的工作而已，光是這樣，別人是很難稱讚得下去的……

人會被稱讚，或是被注意到，都是發生在成果超越預期的時候。

只要成果一再超越預期，不論那個人是否有此意圖，想必終究都會獲得升官加薪。還在負責保管賓客脫下的鞋子時的豐臣秀吉，以及替豐臣秀吉泡茶的石田三成等名人的小故事就不用再搬出來講了。**被公司所培育的人、已成為領導者的人，他**

們所做的一直都超出別人的要求（更廣、更深），因而展現出超越預期的成果。

Discover 21在招募員工時，原則上是雇用應屆畢業生（曾有過正職工作但職歷不長者亦可），然後所有新進員工都會先去做書店業務的工作。不管是東大的博士、中國人，還是美國人，全都一視同仁。

在這些新人之中，獲得新人MVP的人都有個共通點，就是會發揮巧思做一些超出工作手冊所要求的事情。

例如，覺得必須記住自家公司多達數百本的銷售中書籍，於是自行將書的封面圖像輸入電腦，以類似單字記憶卡一看就能立刻答出來的方式私下偷偷練習的井上先生（NewsPicks Publishing的現任主編）；以及為了觀察書店內客人動線以找出較好賣的位置而製作出獨創指南（雖然是只存在於她腦袋裡的虛擬版）的片平小姐；還有進了書店一旦看到垃圾就必定撿起來的井筒先生等。

就只有績效很差的人（但他們都說在校時的成績很好）會說什麼工作手冊都沒寫清楚、公司的基礎設備沒到位、打電話應該比親自到訪更好……等等，什麼都要講究效率。

對我來說，**這根本不是講究效率，而是偷懶。是吝於全力以赴。**不論做什麼，一旦有所保留，就會枯竭匱乏。當你竭盡全力時，那些減少的部分將會從某處加倍湧出，不論金錢、幹勁還是能力皆然。吐比吸更重要。在輸入之前，必須先輸出。

所謂做出超越預期的成果這件事，對於做生意來說也是必要的。顧客之所以願意一再回購，不論是甜點還是化妝品，又或是諮商案件，都是因為超越預期，認為自己獲得了超出所付金額的價值！

付一千日圓若是獲得一千日圓的價值，不會有什麼感覺；若獲得有一千兩百日圓的價值時，才會感動，才會覺得自己買對了，才會想要再去買。反之，若只能感覺到九百五十日圓的價值，那就會成為客訴標的了。唯有成功地提供給顧客超越其預期的成果時，才會有下一次的機會。

所以總是要想著，
要再多提供兩百日圓的價值，要再多提供百分之二十。

至於具體而言到底該怎麼做？

其實這並不是什麼困難的事，不必想太多。

這樣做應該夠理想了吧，有必要做到這種程度嗎，更何況時間也不夠。做到這地步應該就完美了，對方會很高興吧，但這種做法大概只會出現在偶像劇裡……你的腦海裡想必也曾閃過這類念頭，但，請乾脆地做下去。

把一般不會跨出的那最後一步，
勇敢地跨出去。實際做下去。

然後，記得要**持續做**（這點很重要！）。就只是這樣而已。

別老把CP值掛在嘴邊

工作的成果並不會立刻顯現

吃飯或購物時，會考慮CP值或許無可厚非，但我不認為任何事情都能以CP值的角度來思考。例如，兩個人一起住比一個人住CP值高，所以選擇同居，這樣真的好嗎？

又例如，會員卡的顏色會隨過去的消費金額改變，而回饋點數的百分比也會隨之增加，**但同樣的機制也能用在個人的交友關係上嗎？**像是和這個人交往的CP值是高還是低？

所謂的CP值，就是成本效益比（Cost-Performance Ratio），也叫性價比。就成本如何有效率地發揮在效益上來說，簡言之，CP值便代表了某種效率。也就是在評估相對於所花費之成本，能夠獲得多少回報。

近十年來，從日本整體經濟狀況討論生產力低落，到個人的工作方式等方面，講的都是生產力、生產力。

在此要提醒各位的是，以往投入十的成本（時間）可達成一百效益的事情，若是以八的成本就做到的話，確實是生產力提升了。但以六的成本達成七十的效益時，生產力也是提升了。

事實上，據說在推行「工作方式改革」的情境中，就有不少企業已出現個人生產力的數值增加，但整體業績卻下滑的問題。

為了提升生產力，想要用避免長時間會議等做法來改善，但效果並不顯著。更不會因為休假增加了，業績就能突然迅速完成。

這種時候我們需要的，其實是能夠以更少工時達到更大效益的「創新」。是可與工業革命、資訊革命匹敵的創新。

而開口閉口都是CP值，總是追求眼前的效率，想要盡可能聰明工作的方式，令人忍不住覺得這似乎背離了初衷。

從較偏個人的角度思考，成本不只是金錢，也包括了勞力及能力、時間等，因此越早獲得回報，CP值才會越高。

但有些投資無法立刻看見成果。

再怎麼努力地學習、投資自己，必定都需要一段時間，才能以工作成果的形式顯現出來。

很遺憾地，你所勤奮累積的努力沒在你還任職該部門時開花結果，卻成了繼任者的功績這種事並不罕見。

工作的成果不會當場立刻顯現。
工作的成果會顯現於整體，甚至，還可能會顯現在某個別人身上。

就像多虧了某人，你得以展現出某項工作成果是一樣的。

不過，回報必定會有。

或許不會立刻回到你身上，但在某個程度上，就時間軸的角度看來，必定會有。

所以別心急。
也別斤斤計較。
你所做的努力，必定會回報到你身上。

只是回報的形式可能是你想都沒想過的，所以無法立刻意識到（搞不好永遠都沒能意識到）。

又或是很久以後才來，然後，你根本不會聯想到是當時的那件事呢。

建議盡量多多浪費

——人生取決於你做了多少乍看之下是多餘、無用的事

其實，我並不喜歡所謂的「斷捨離」（這算是相當含蓄的說法）。說得更精確點，是沒興趣。

也不能說是在為自己辯解，畢竟我那狹小的住家裡堆滿了根本無法搭配的衣服和極少使用的碗盤……可是，沒用的東西就要丟掉？欸？那也太無趣了吧！

若總是因為這個也沒用、那個也沒用，而選擇丟棄，
難道，不會發現最沒用的就是自己嗎？
難道，不會覺得活著本身就是一種無用的行為？

關於衣服，說是只留下最基本的幾件就好，其他都丟掉，那麼，一開始就不該買下你能夠輕易丟掉的東西啊。

例如，你以後可能都沒辦法穿的某件喀什米爾羊毛衣，但你超愛它的顏色和設計，光是其觸感就能讓你感到幸福。或是很少有機會穿的花式粗呢連身裙，其作工蘊含著職人工藝，根本值得好好珍藏。又或是現在已無場合可穿的晚禮服，但你會為了創造出能夠穿它的場合而努力提升自我！

這些東西根本都無法丟棄啊！

有些東西確實是「當初真的不該買！」「怎麼看都不合適！」而且這類東西還比你預想的多。在遇見領口恰好適合自己的毛衣前，到底買了幾件喀什米爾毛衣呢？確實是挺浪費的。但正是這樣的浪費，才讓我瞭解自己的風格。

無論如何，人很少能夠一次就找到自己想要的，多半都會繞路。
然而那些迂迴曲折，不正是人生嗎？
看似無益的相遇，後來卻成了美好的緣分。

看似無益的學習，日後卻幫上了大忙。
經驗是越多越好。

人生的重點在於過程，不在結果。

若非如此，人生的目標就會是死亡了。
人生的目的應在於「活著」這件事。即使那是一條從出生通往死亡的道路，喔不，正因為是從出生通往死亡，所以活著的時候，活著這件事本身就是目的。
無論如何都必須經歷這過程的話，還是開心地過比較好（當然，開心不代表輕鬆就是了）。

說到浪費，如果對於空間的浪費也很在意的話，就會忍不住想填滿，隨著斷捨離的流行，整理、收納也是女性實用書必不可少的企劃內容之一，但這部分也一樣，要是太過徹底嚴謹，就會令人喘不過氣來。
年輕時，剛搬進現在住的大樓，我認真研究了格局圖以決定家具的配置，儲藏室就不用說了，連廚房的收納空間都一一仔細丈量尺寸，以便加入置物架及儲物箱，訂立了完美的收納計畫。

原本以為如此便能極為有效地活用狹小的住家空間，過著舒適便利的生活……萬萬沒想到做得太過徹底嚴謹，很快就破功了。

為了收納而收納，導致拿進拿出很累人。一旦移動了一次，要回復原狀就超麻煩的。只要多一個東西就塞不下。家具配置得太緊密，人無法順利走動。

一切都缺乏所謂的緩衝。

就和安排得過度緊湊的時間表一樣，由於沒有餘裕，只要出了一點差錯，就會全部一起崩潰。

歸根究底，到底什麼是浪費？

明明用電子郵件就能搞定，但必須特地寫成書面資料並要以郵寄寄出的陋習，或只是單純為了替相關人士做面子而開的會議等，這類浪費確實該要去除。

但，為了在一年一度公司聚會上為時僅五分鐘的出場，從一個月前就開始花幾十個小時練習舞蹈呢？

前面提到的巴西里約的嘉年華，也是為了短短一瞬間的出場，有些人可是花了一整年的時間呢。

付出的大量金錢、樂此不疲的狂熱人們……多麼壯觀的浪費，沒有什麼比這更不具生產力的了。其實，就是為了那一瞬間非日常的浪費，人們平常才如此拚命地從事生產活動。

為何不能將那樣的浪費本身做為人生的目的？做為人生的樂趣呢？

為了無用的漂亮衣服而工作（？）跟我的人生還挺像的。

我先前說過，要為了做出一百分的結果而使出一百二十分的力氣。

那多出來的二十，絕不會浪費。

肯定有一天（可能是下個月、明年，也可能是十年後）會為你帶來一千分的成果。

即使沒帶來成果，它或許會成為你人生真正的目的也說不定。就像里約的嘉年華那樣。

人生取決於你做了多少乍看之下多餘、無用的事。

工作如此，學習亦然。愛情與友情也都是從無用的閒聊中孕育出來的。
在這世上，無用的只有贅肉而已。

誤導工作人的10個關鍵字之3

chapter 3

以興趣爲工作

一開始根本沒有喜好可言

——所以不必勉強、不需要假裝自己有特定興趣

「以興趣為工作。」

這又是個會造成許多年輕人不幸的說法。是怎樣的年輕人會因此不幸呢？

① 興趣與專長不同的人。

② 不清楚自己到底喜歡什麼的人。

首先從「①興趣與專長不同的人」談起。

我們公司是出版社，總會有很多立志成為編輯的學生來應徵。有鑑於最近出版界

的狀況，應徵人數比起二十年前左右真的是少了很多，但基本上還是絡繹不絕。

但正如大家都知道的，出版這個業界，包括前三大出版社在內，都屬於中小企業，根本雇不了太多人。所以絕大多數人都不會被錄取。而且就算進了公司，若是被評估為不適合，也不會被分派或調動到編輯部。

於是，這個人就無法以「興趣」為工作了。

可是實際上，在面對寫作任務時，不是連稿紙的用法都沒弄清楚，就是錯字連篇，只有這種程度的人竟然立志要當編輯。

編輯雖然不是作家，但必須要能寫出比作者更正確的遣詞用句才行。這是擔任書籍編輯的最基本條件。

當然這不是唯一的條件，但要是一個人不擅長文字，卻還說自己喜歡文字工作，不是很令人困擾嗎？

與其尋找興趣，若是有擅長的事情，就進一步磨練該項專長，不是很好嗎？

心裡雖然這麼想，可是被問到「你真正想做的是什麼？」或看見「要以興趣為工作！」等宣傳文案時，似乎就會漸漸覺得「必須要」以興趣為工作、以興趣為工作「才正常」。

但明明「興趣」與「專長」重疊的幸運兒根本就是極少數。

通常**聽到「真的」、「真正」之類詞彙的時候，你就要小心了。**好不容易做得還挺開心的，卻有人跟你說「這真的是你想做的工作嗎？」或者「你真的就要選這個人嗎？」聽到的瞬間往往會出現「錯了嗎？」的念頭，於是開始懷疑人生。

「真的」到底是什麼意思!?

從這點看來，我覺得其實「②不清楚自己到底喜歡什麼的人」很可能遠比「無法從事自己有興趣的工作的人」要多得多。

自己到底喜歡什麼，並不清楚。一旦有人對自己說「請做你喜歡的事」，就會有一種被指責的感覺，彷彿「一個人必須要有喜歡的事才行」。

可是，周遭的每個人真的都有很明確的興趣、喜好嗎？

我認為，實際上**人在年輕時期，尤其是在出社會之前，沒有明確的興趣、想做的事、絕對要實現的夢想等才是正常的**。

很多時候或許只是被問到「你的夢想是什麼？」，然後回答出「我沒有夢想」的狀況實在太難堪，於是就隨便說了個答案；最多是畢業求職時，得有點東西才能縮小目標企業的範圍，面試時才不致於困擾，就做了所謂的「自我分析」，然後不知不覺地被這捏造的內容給洗腦，彷彿這些就是自己一直以來想做的事、喜歡的事。

這麼說來，其實我以前也是如此。

我並沒有特別夢想著要成為編輯或是進入出版社，只是因為在還沒有男女雇用機會均等法、也沒有外商公司可選的那個年代，至少在求職入口處算是男女平等、一般來說是敞開大門的，也只有包括老師在內的公務員及報社、出版社等行業而已。

當時雜誌即將邁入全盛期，雜誌編輯，而且是時尚雜誌的編輯，看起來似乎很酷，或許也是我進入這一行的原因之一。不過，當初要是沒擠進雜誌編輯部，我現在大概就是個公務員了。所以我才會覺得，自己應該是適合做這行的。

幸好，那時從沒人跟我說過「要有夢想」或「要以興趣為工作」，也沒人問過我「你真正想做的是什麼？」

話雖如此，但在那個時代下，女生最大的抉擇在於要進入家庭、找工作，還是成為研究人員，而男生則必須在企業的大門不如今日這般開放的狀態下做出選擇。

我覺得這些**一直以來根本不曾有過什麼夢想的老一輩人，不負責任地「脅迫」年輕人要「抱持夢想」什麼的，真的是很不好。**

若你真有無論如何都想做的事、有想要當成工作的興趣時，那你真的很幸運。

如果「真的」喜歡，即使沒有多大才能，即便並不擅長，想必也能鍥而不捨地持續努力下去。就算一輩子都是紅不起來的演員、歌手，或者畫家、自稱作家的作家，應該也不會後悔。

實際上，在我那些超高學歷的朋友及熟人之中，這樣的人還真是不少。

但，若你其實並沒有特別想做的事或特別堅持的夢想、興趣的話，不必勉強、不需要假裝自己有。

你只要——

先專注於眼前的事，把力氣放在被要求達成的任務上即可。

其實「愛上工作」的秘訣就藏在其中。

那裡有著找到興趣、發現夢想的入口。

不過，沒找到也無所謂就是了。

讓我再說一次。

明明沒有特別喜歡的事，就不必勉強、不需要假裝自己有。

如何愛上你正在做的事

重點不在於做什麼。重點在於由誰來做、為何而做

與其尋找喜歡的工作，還不如愛上自己現在做的工作比較快。

基本上，愛上人事物也是一種能力，是一種每個人都具備的能力。

一般會認為不論愛還是憤怒，都是在有那樣的對象時才會產生（我在二十五歲左右前也是這麼想），但實際上並不是那麼一回事。

其實，**在人的心中本來就存在著愛與憤怒、悲傷等情緒，總是在尋找出口。然後恰巧有某些人事物造成了刺激，於是該情緒就顯現出來罷了。**

因此，就算有某個人非常愛你，與其說是你格外超群出眾、值得喜愛，不如說那個人是擁有愛的能力的好人。能夠幸運遇見這樣的好人，你真的要心存感謝才行。

憤怒也是一樣的。

就算你激怒了某個人，讓他非常生氣，那也是他的問題，你不必過度自責。只要感嘆一下真是倒楣按到了他的憤怒開關即可。

雖說這篇的開場白似乎又變得太長了點，但我要說的是，如果自己心中本來不存在能愛上某人、喜歡某事的熱情或興趣，那麼不論是誰，又或是什麼事物在眼前，都不會愛上，都無法喜歡。

若你總是一再重複著不是這個、也不是那個、不該是這樣、跟我想的不一樣等情況的話，又或者根本連這種期待也沒有，只是不知道自己到底想做什麼的話，那就是「愛的能力」正在衰退，必須想辦法恢復「愛的能力」才行。

沒錯，必須讓它恢復。

幸好，每個人心中都具備「愛的能力」，經由練習就能恢復。

而**方法是純真與專注**。是的，和冥想一樣。

把「做這種事能有什麼發展？」或「這真的適合我嗎？」等懷疑都暫且擺在一邊，總之就嘗試看看。

持續下去。

試著專注，只想著那件事就好。

做不好也沒關係，總之持續下去。因為在習慣、熟悉的過程中，人便會對該事物產生感情。

恢復「愛的能力」的另一種方法，是**思考該工作的價值、賦予該工作價值**。

這聽來或許和剛剛說的「純真」相互矛盾，但其實懷疑和思考價值、創造價值完全不同。

賦予工作價值是什麼意思？

關於這部分，我想以著名的砌磚工人寓言故事，但用的是經我改編過的版本來為各位說明。

有一群工人在搬運並堆砌磚頭，而路過的旅人問了其中一位：
「你在做什麼啊？」
「我在搬磚頭啊，很辛苦又無聊的工作。」
接著，這個旅人又去問另一位工人：
「你在做什麼啊？」
「我在建造巨大的金字塔。」
以需要目標願景的寓言來說，故事也可到此結束，但我還是想讓第三位工人出場。
「你在做什麼啊？」
「我在建造祝福上帝的高塔。」

換言之，就是使命。

同樣的作業內容，有些人只把它當成被老闆指派的例行公事，有些人會展望目標並朝著目標努力，而有些人甚至會思考自己所做的事有何價值，並為了該價值而工作。

將這些替換為馬斯洛的需求層次金字塔，第一個人是基於生存需求，亦即為了錢，第二個人是基於自我實現的需求，至於第三個人的狀態，也有人將之比做馬斯洛於晚年達到的所謂超越自我的境界。不管如何，這裡頭哪個人能夠最喜歡自己做的工作，應該再明顯不過。

就我的經驗而言，不見得每個上司都會從整體大局的觀點來告訴你各個工作的價值，有時也會讓人覺得只是為了業績。所以你必須自己謹慎思考。

「再怎麼微不足道的工作，也可能連接著為社會帶來價值的偉大工作。」

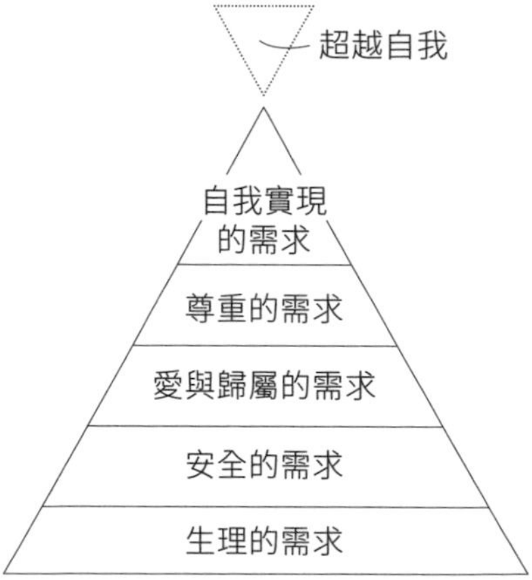

藉此，即使面對的是同一份工作，也能稍微改變工作的向量。
說不定那會是超出上司想像、更長遠的向量，產生超乎預期的成果。
我認為這就是所謂的替工作創造價值，是愛上自己現在做的工作的方法。

重點不在於做什麼。
重點在於由誰來做、
為何而做。

製造創意點子的公式

——令人意外的（？）創造力決勝關鍵

雖然與「愛上自己正在做的事」有點不太相干，不過，在此我想來談一談關於創意點子的製造方法。

恕在下唐突——**所謂的創意或問題解決，是誕生自知識及資訊等各種材料的意外組合。**

要創造出意外的組合，前提是擁有跨領域的廣泛知識做為基底。但話雖如此，世上知識豐富的博學者卻鮮少是點子王。

所以，下一個問題就來了。

怎樣才能找到令人意外的組合呢？

也就是，到底如何才能變得有創意呢？

這問題就某種意義而言，正是商務人士最大的課題之一。我自己本身，不論是以個人身分還是以經營者身分，又或是以實際負責編輯工作的人的身分來說，都是我的課題之一，我根本沒立場在這兒說大話，但基於偶爾受邀舉辦的相關主題演講，由我目前已知的部分所整理而成的結論如下。

$E = MC^2$

是的，就是愛因斯坦的大發現。

模仿其理論而成的創意點子製造公式。

E可以是能量（Energy）、影響（Effect），也可以是引擎（Engine），什麼都行。

而兩個C，C的平方，這代表的是——

COLLECT（收集）與 CONNECT（連結）。

也就是**收集素材並連結**，代表了所謂各種材料之意外組合的創意發想準則。

其中，收集的材料要越多越好。不論種類還是數量，都是越多越好。經驗也越多越好。

而收集的方法就如前述，要有意識地擴大自己的興趣範圍。為此，向人學習是最好的辦法，若覺得這門檻高到無法立刻辦到的人，可從閱讀開始做起。

人文科學、社會科學、自然科學、文學等，各種領域的著名書籍全都讀上一遍。

此外，還有醫學之類的應用科學及歷史等。有些人說要讀五百本才行，但我認為先讀五十本關於當前人文、社會科學、自然科學、藝術等的基礎書籍應該就差不多了。

另外，還有電影、音樂、漫畫的代表作（若是我，還會再加上流行時尚的知識），也就是所謂的博雅教育（Liberal Arts）。至於到底讀哪些書好，可參考敝公司 Discover 21 出版的《博雅教育的學習方法》。該書是由我的高中同學，前法官瀨木比呂志所寫）。

過去，我曾一度忽略了所謂的教養或學術文化等部分（因為在我這個世代的老先生們，很多在這方面都有高深造詣），但或許是對此的一種反動吧，**現在缺乏「教養」的優等生實在太多，真的很糟，就算想要組合材料，材料也少到不行**，所以才特別寫出這點。

材料的收集，理論上只要花力氣應該就有辦法做到，但連結，亦即其意外組合要怎樣才能想得到呢？

請注意 $E = MC^2$ 中的 M。

意外組合的關鍵就在這裡。

M 是什麼？

「問題意識？」「目的？」（怎麼突然變成日文的拼音了！[3]）之前演講時，當我問聽眾這問題時，台下便冒出了這兩個日文詞彙。

---

3 日文中「問題」和「目的」的英文拼音都以 M 字母起頭。

我也覺得這個答案相當正確。**畢竟是先有想要解決的問題，是因為有了「想要這麼做」的目的，才會產生出有如火災現場般超大神力的創意發想。**

就這層意義而言，雖然和M扯不上關係，但我覺得也該把「責任感」納入。當自己是負責的那個人時，往往就會想出許多點子。因為會無時無刻不絞盡腦汁、想盡辦法要在此條件限制下達成目的。

實際上，**解決問題，亦即新點子誕生的條件之一，就是要無時無刻不思考該事項。**

通常都是老闆兼社長（擁有公司且實際負責經營管理）最先注意到公司的各種問題，就是因為他無時無刻不想著公司的事情。之所以會說最好盡早站上負擔責任的位置，也是基於這個緣故。畢竟責任範圍越廣，思考自己管轄範圍內課題的時間就會變得越長。

反之，之所以很難想得出好點子，與其說是因為缺乏創造力，倒不如說是因為覺得反正上面的人會做、上面的人自有定見，總覺得事不關己，也沒有想要積極參與的意思。

可是，這樣工作不會很無聊嗎？所以說，**創造力需要有問題意識及目的意識。**

而倒過來說就是，只要擁有問題意識，則在積極、主動地解決該問題的過程中，創造力便會被發揮出來，創意於是產生。

那麼，那樣的目的意識或問題意識，是屬於怎樣的領域呢？

在這裡，我要公布M真正的答案了（但這也只是我個人的想法，並非舉世公認的常識）。

答案就是，MISSION（使命）。

使命和目的有何不同？

在我的定義裡，目的也包含自己賺大錢、自己功成名就等僅限個人或公司的目的，而MISSION，使命，則是更強調自己對於社會貢獻上的意義。

人無法為了自己發揮神力，但卻能為了別人竭盡全力，其實就是這麼一回事。

在強烈的、偉大的使命之下，人往往能夠發揮意想不到的力量。能夠不被名為自我的小小框架所侷限，甚至超越所謂利己的阻礙。

因此，**創造力的決勝關鍵就在於無私的使命。**

工作沒有高低之分，但由誰做將產生不同的價值

——請賦予價值給眼前的工作

那是發生在我二十幾歲擔任雜誌編輯時的事。

我因為中意其知性氣質，而起用了一位美日混血模特兒。這位模特兒明明還是新人，卻從進入攝影棚那一刻起便築起高牆。對攝影師、化妝師都只有表面上打打招呼，打完招呼後就一直自顧自地看書。顯然來得很心不甘情不願。一問之下才知道，她正在準備大學入學考，是為了籌措學費才做起模特兒的工作。

那是在伊內絲・法桑琪（Inès de la Fressange）還沒成為香奈兒的繆斯女神，亦即「超級模特兒（超模）」一詞還未出現，模特兒這種職業（就算是替香奈兒走秀的當紅模特兒）的地位還很低落的年代。

她對打工當模特兒的自己感到羞恥，全身上下都強調著「我和其他那些做模特兒的輕浮女孩不一樣」。

後來有了伊內絲・法桑琪。

由卡爾・拉格斐（Karl Lagerfeld）成功復興的今日香奈兒，要說是建立在名門貴族出身的伊內絲・法桑琪擔任模特兒的那八年也不為過（我是這麼認為）。而模特兒這個職業的地位，也是在那時候建立起來的。

實際上，很多職業都發生過類似狀況。

例如，超級美髮師、超級甜點師、超級侍酒師……等等，一種職業的形象因一位巨星而得以改變，於是嚮往該工作的人們便突然大量出現。

工作的價值是由人所創造。
是由熱衷於該工作，
並以該工作為傲的人所創造出來。

不過，儘管再怎麼有社會意義，對於如掃馬路之類的工作，或許還是有人完全沒有任何自豪感。這種感覺我懂。

因此，容我引用馬丁・路德・金恩（Martin Luther King Jr）博士在其著名演講中的一段話——

「就和米開朗基羅注定要畫畫，貝多芬注定要作曲，莎士比亞注定要寫詩一樣，命中注定成為道路清潔工的人也必須要清掃道路。」

不用說，在當時的美國，所謂命中注定成為道路清潔工的正是黑人。對此，金恩牧師表示，**任何工作都有價值，價值是取決於做的人，任何工作都可以很崇高。**

同時，他還把道路清掃工作的價值等同於繪畫、音樂。

工作的價值，是由做的人和做的方式來決定。

亦即相當於做該工作的人的自身價值。故就此意義而言，道路清掃與米開朗基羅、貝多芬的工作可謂同等。

正如前述，即使是**乍看相同的工作，但依做的人不同，以及所發現並賦予的價值不同，就會變得大不相同。**

例如，飯店的門房。

一般來說，比起櫃檯等，門房可能是大家比較不願意做的工作。

或許會被認為是一年三百六十五天，從早到晚都重複同樣內容的工作。

據說日本著名的大倉飯店曾有一位傳說中的門房，他記得數萬名顧客及計程車司機的臉和名字，只要有機會見到第二次面，就能叫出對方的名字，故受到諸多名流雅士們的喜愛。

而且不只是名流雅士，就連壞脾氣的客人、傲慢無禮的客人、喝得爛醉的客人、一看就知道不可能成為常客的客人等，雖然不是所有客人都是好客人，但不管是什麼樣的客人，他都全心全意地予以恭敬接待。

而我也曾聽說橫濱的新格蘭飯店有過類似的傳聞。

這些人深知門房這一工作的使命，並賦予了該工作價值。所謂的替工作創造價值，正是如此。

很多人之所以無法成為傳說中的門房，想必是因為在內心深處，對於做門房的自己並不感到驕傲。

他們心裡想的是，現在的自己只是一時的假象，不是真正的自己。真正的自己不是門房，而是能獲得門房高度禮遇的那一群人。

但，反正都要做門房了，何不下定決心成為世界第一的門房？

不過，你得要動作快，因為就算你想做，人家也不見得會讓你做一輩子，想必會被輪調到不同部門才對。

這樣一想，**就該珍惜今天，要賦予價值給現在眼前的工作。**

很多時候，出類拔萃的道路清潔工或門房之所以稀少，可能是因為周圍的人不會讓他們就這樣一直做下去。

今日，在IT及金融相關、網路事業、諮詢顧問等領域中，不斷出現各式各樣以往聽都沒聽過的職業及公司。不知是幸還是不幸，現在已變得無法像以前那樣，單靠企業名或職業名就能大致推測出一個人的能力。甚至還越來越常覺得「欸，原來這個人在那家公司工作啊，看來那家公司意外地不怎麼樣呢」。

既然如此，反正連公司名都沒聽過的話，也不會知道工作內容到底是什麼，那麼，何不努力讓人覺得「既然是這個人在做，那肯定是一間好公司、肯定是有發展的公司、肯定是一個很棒的工作」？我會想成為這樣的人（嗯？我這年紀已經嫌太晚了嗎!?）。

如何賦予價值給你正在做的工作

再怎麼微不足道的工作都要有使命

該怎麼做，才能賦予價值給你正在做的工作呢？

主要還是要**有使命、社會意義**。

前幾天，我去拜訪一位為了準備創業正四處奔走籌措資金的朋友，據說他已確定雇用五名學AI程式設計的應屆畢業生。只是這年頭IT工程師本來就很搶手，沒拿出一般員工的兩、三倍薪水是雇不到的，更何況是個沒沒無名、根本還沒開始、將來全是未知數的新事業!?

當我請教這位朋友他的聘雇訣竅時，他的答案果然也是——使命。

與其提出「事業會變得多大」，他提出的使命是「即將展開的事業對社會（對世界）有多麼必要、有多麼嶄新」。

若能開發出實現該事業的技術，就等於是一肩挑起了社會變革，而這也能成為他們的通行證，通往未來他們自己的創業之路。

越是優秀的人，無疑越會被我朋友的這番使命論述給感動。

所以若你身為某人的上司，希望部屬能夠有所成長的話，**就該跟他們談談這份工作，聊聊他們自己的工作意義何在。也就是要賦予意義給現在正在做的事。**若周圍的人對你的工作沒有提出任何說法，那就自己主動去賦予意義吧。

就像先前提過的，基本上，能夠自行賦予工作意義，並進而創造價值的人，才會成長。**再怎麼微不足道、如一顆齒輪般的工作，若你能夠試著俯瞰，從延伸或背景的角度來綜覽工作全貌，你就會成長。**

如此一來，你便能在他人開口要求之前，從中先判斷出自己所該完成的任務，而不會有被迫做事的感覺。若能產生有趣感，表示又會繼續成長。

而這也能賦予該工作本身價值。

如何找出自己的使命

——無須著急，也可以隨時更改

在前面篇章我寫了很多關於使命有多重要的內容，那麼，要如何才能夠找到自己的使命呢？

當我試圖為此尋找可複製的方法時，發現答案就在竹內明日香女士於日本全國中小學舉行之「演說」巡迴課程的教學計畫裡。而這位竹內女士正是alba edu.（以促進說話能力教育為目標的非營利團體）的代表，我是日前受邀參加某活動時偶然認識了她。

你想要解決的社會問題×你擅長的事

首先，列出目前世上有待解決的事項。
接著針對這些事項，思考自己能夠做些什麼。
據說這些就可能成為該學生「喜歡的工作」。
這不正是我說的使命嗎!?
打從一開始就說「要以興趣為工作！」，但，其實大多數的孩子根本不知道自己喜歡什麼。
最多也只能說出像是想進AKB、想成為YouTuber、想成為ZOZO TOWN（日本第一大的流行服飾網購平台）的前澤先生那樣的創業者，又或是想當醫生、想當公務員之類的話，然後便結束。

但，若是從社會問題切入就不一樣了。
從社會問題切入，便會思考自己對這世界能有何種貢獻。
我認為**一個人的使命感之所以強烈，正是因為有真實感受到自己對某人有所助益的自我肯定感**。

所以**不必急著尋找使命，也可以隨時更改使命。**

畢竟還是學生的時候能夠注意到的社會問題往往有限，當對世界瞭解得越多，所看見的問題就會變得越來越具體。

這時，再開始尋找使命也不遲。

chapter 3　以興趣為工作

二流凡人與一流凡人的主要差異

「WANT TO」與「HAVE TO」的問題

話說，若你真的找到了自己喜歡的事、想做的事，那真是可喜可賀！

在這世上，絕大多數人都沒有什麼特別想做的事（不想做的事倒是很多！），更別說是從事自己喜歡的工作了。所以有想做的事，而且還能夠實際從事該工作，真的是非常幸運！（我可不是在諷刺）

接著，就希望你能一直持續那樣的「I WANT TO～」！

因為**即使是我們基於自己的興趣而開始，並未被任何人強迫做的事，也會不知不覺地變成「I HAVE TO～」**。

就像當初覺得想做而花了大把鈔票加入的健身俱樂部、鋼琴課程等，每到假日，卻成了令我渾身不自在的根源。

總覺得要去一下才行，必須彈一下才好。

最常發生這種現象的，非工作莫屬了。即使是嚮往已久、好不容易才如願以償地獲得的工作，是不是不知何時卻也成了「不得不做」的事？（在工作上我倒沒這問題，現在依舊是因為想做而做）

放著不管，就會從「WANT TO」變成「HAVE TO」的，是凡人。能夠一直維持「WANT TO」狀態的，才有可能成為一流的人。

那麼，如何能夠把「WANT TO」一直維持在「WANT TO」的狀態呢？

那是每一次、每個瞬間，持續選擇的結果。

一次又一次地選擇「我做這個，是因為我想做」。

換句話說，「WANT TO」是主動的、積極的，是自行選擇且後果自負的。而相對於此，「HAVE TO」則是有某種程度的被迫，散發著受害者氛圍。彷彿責任是在自己以外的某處，在某人身上。所以不順利的時候，也總是一副「不是我的錯」的態度。

簡言之，容易讓「WANT TO」變成「HAVE TO」的，其實是我們的一種自保機制，是為了在失敗時也不致於自我否定、陷入嚴重沮喪的安全保障！是一種風險迴避。

但這麼說來，難道任性地做自己想做的事，是比（為了家人等）認真地做不得不做的事還要偉大？想必很多人對於這點也是無法接受的。

讓「WANT TO」變成「HAVE TO」的許多人們，以及能夠一直維持「WANT TO」狀態的人，其實都是凡人。能夠把「WANT TO」一直維持在「WANT TO」的人，充其量也只能說是一流的凡人！

真正一流的人，能夠把「HAVE TO」變成「WANT TO」。
就算是「不得不做」的事，也能轉變為「想做」的事。

亦即主動、積極地，把事情當成自己的選擇。

那我是哪種人呢？
我是一流的凡人，有時也是一般的凡人。而或許也曾一度成為一流的人!?

會讓人瞬間落入不幸的方法，需要花點時間但能夠獲得幸福的方法

要選擇一切都由自己決定的方式

很久以前，在我才十幾歲的時代，有一部紅極一時（至少在美國和日本都大受歡迎）的電影叫《愛的故事（*LOVE STORY*）》。

這部電影以哈佛大學校園為舞台，彼此一見鍾情但因門第差異而受到反對的男女主角，雖不顧反對結了婚，但女方很快就因白血病去世，可說是羅密歐與茱麗葉再加上不治之症（多半都是白血病或骨髓瘤之類的，而且死的是女方）的雙重不敗情節。再搭配當時非常受到喜愛的弗朗西斯・萊（Francis Lai）的甜美旋律，堪稱正統中的正統LOVE STORY。

如此策略大家都心知肚明，但卻還是徹底深陷其中（一看到洛克菲勒中心的冬季

溜冰場情景便不自覺地心頭小鹿亂撞的中老年人，想必都看過這部電影）。

而該電影的宣傳詞也變得相當有名。

Love means never having to say you are sorry.

「愛到深處無怨尤。」

其實我的信念之一正是——

「要無怨無尤。要做出能夠不後悔、能夠無怨尤的決定。」

現在想來，這搞不好是十幾歲時看的這部電影所帶來的影響也說不定。

姑且不論對愛情是否無怨無悔，至今我為了避免後悔而做的事，都是所謂「**自行決定且後果自負**」的事。

要做重大決定的時候，不管再怎麼徵求許多人的意見、忠告，最終還是要基於自己的意志來主動決定。

如此一來，即使以失敗作結，也不會後悔。

反之，若是在驚慌失措、毫無信心的狀態下，聽取別人的意見，而且並沒有真的把那樣的意見當成自己的選擇，做了該決定的話（在這種情況下，結局通常都不會令人滿意）……就會後悔。

不是對結果感到後悔，而是對非自負責任的決定感到後悔。

我之所以能夠如此肯定地說出這番話，當然是因為有過親身經歷，而且是很沉痛的經歷。雖說就結果而言，算是好的，正因為有了那次的失敗，才有了Discover 21的創立，然而對於那次決策的過程，我至今依舊感到後悔不已。

我不是要說聽從別人的意見不好，問題不在於相信他人並試圖聽從其意見。

那時，我並沒有把那個人的意見當成自己的責任來主動選擇，換句話說，問題在於我不是自行選擇了要聽從那個人的意見，只是照著那個人說的做了而已。

簡言之，其實是在某個程度上對決策、**其結果，以及所發生的事放棄責任，把責任推到自己以外的人身上這點不好。**

這會導致後悔與遺憾的。

在商業決策上也是一樣。當然，身為社長，從小決定到大決定，我至今做過無數多的決定。

例如日常工作中的小決定，像是首刷的本數，以及是否再刷、最終的設計決策等，老實說，除了某些絕不退讓的特定堅持之外，我多半都會尊重實際負責人員的建議，可是當書籍因此賣不好時，儘管嘴上說是我做的決定我承擔，但內心卻忍不住責怪負責人員，這樣的我真是太小家子氣了！

所以說——

會讓人瞬間落入不幸的方法之一，就是後悔。

在此前提下，不要自己做決定。

而可能需要花點時間但能夠獲得幸福的方法，就是**積極主動地自行決定，且後果自負**。

這樣不論結果如何，都能夠帶來自信。能夠讓人自我肯定。能讓人感到幸福。

附帶一提，可以積極主動地自行決定、選擇且後果自負的，不只有事物而已。曾是新潮流年輕僧侶第一人的小池龍之介，就連痛、癢等感覺及生理反應等也都自行選擇，聲稱自己能夠沒有感覺，即使有隻大蚊子停在額頭上吸血，他也一副若無其事的樣子，就讓蚊子吸個飽。

如此的境界，我們這些一般人雖然無法達到，但套用在情緒方面，或許是可以理解的。

我們也會選擇自己的情緒。

現在的不爽、傷心難過，怨恨父母給的這副長相、體型、這種記憶力、這樣的運動能力等情緒，也都是自己做的選擇。這是我從 Discover 21 的董事長，也是日本企業教練界第一人的伊藤守先生身上學到的眾多知識之一。

即使在相同的狀況下，人所感受到的情緒也不見得相同。這不是個性的問題，而是選擇的問題。

如此想來，我們對自己的情緒也是能夠負責的。由此可知，包括情緒在內，自己的控制權就在自己身上。不用找藉口。

因此——

要選擇一切都由自己決定的方式。

這或許是得到幸福的最好辦法。

之所以說「或許」，是因為不同於先前提到的「無怨無尤、不後悔」，我還沒能完全達到此境界，故無法斷言。但我想，這應該有相當高的可能性是對的。

立即做出決定也是一種習慣

正是這種時候最需要發揮邏輯思維！

那麼，總是無法自己做決定的人、優柔寡斷的人，該怎麼辦？

這種人就只能練習，別無他法。**因為做決定也是一種習慣**。

從小就被要求要做決定的長子或長女（要去哪裡、想吃什麼等，通常其意見比弟弟妹妹們更受尊重），以及有幸擔任班長、社團活動的社長等職務的人，就「習慣」這點來說，或許是有優勢的。

若這些優勢你都沒有，那就只能拚命練習。

午餐的菜色、晚上的聚餐地點等等，請從日常事物開始「積極主動地做決定」！

一開始靠直覺即可。

接著，**再針對稍微大一點的課題，練習做出不後悔的決定**。

這時，基本的邏輯思維非常有用。

沒錯，就是那個「互不重複，且毫無遺漏」的MECE。

在此我嘗試以「有重複沒關係，但確實毫無遺漏」的方式列出選項。

要毫無遺漏地列出選項，就使用邏輯樹。如果這樣的話，然後又如果那樣的話……

基本上，就是把各式各樣的可能性都一一列出來，然後從中選出最佳選項。只不過，邏輯上看來，最好的選項不見得最合適，最後也可能又是用直覺來判定。

儘管如此，**最好還是先運用這種邏輯樹把選**

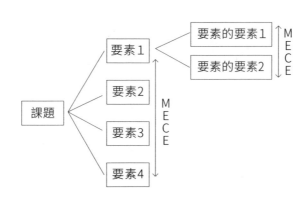

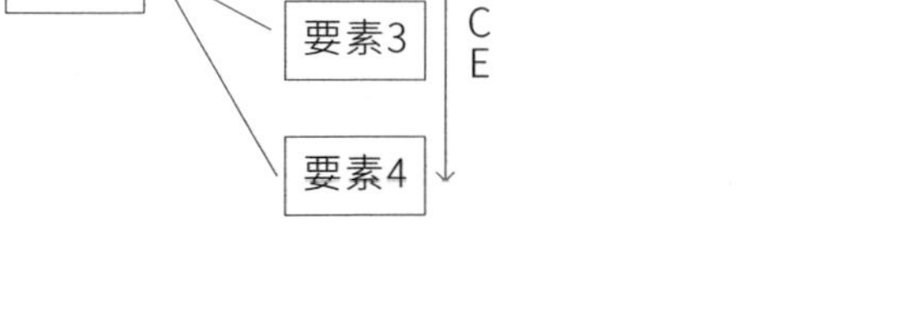

項毫無遺漏地列出（即使只在腦中思考也行），以免後悔。

這樣一來，就算結果不理想，你也能接受那是當時考慮過所有選項後做出的選擇，甚至即使最後是以不合邏輯的方式做出選擇，你也能認同當時確實覺得該選項最好，確實是自行決定且甘願自負後果。

另外，還有一種和邏輯樹類似的東西，叫議題樹（Issue Tree）。

議題樹是在問題大到令人不知所措時，用於將之分解至能夠處理的多個小要素狀態，以便逐一解決。

因為實際上，困擾我們的問題多半都不是一個大問題，而是好幾個糾結、纏繞在一起的

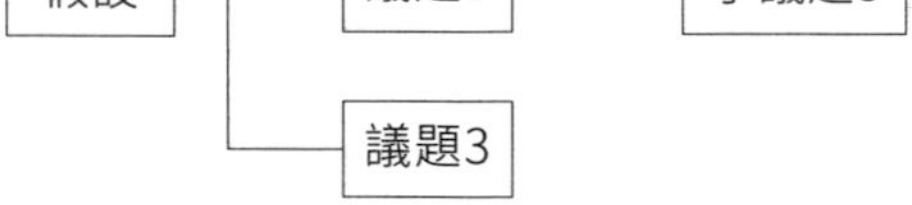

問題。

如果覺得工作很無聊，就試著分解其理由，然後逐一思考解決方案。最後剩下的要素是什麼呢？

而邏輯思維中還有一個很有用的東西，叫批判性思考（Critical Thinking）。這可用來釐清「問題到底是什麼？」，更能貼近問題的本質。

例如，自己現在的問題真的是出在工作上嗎？

如此看來，商業上的問題解決技巧，其實對於人生的決策、日常生活中的決定及問題解決來說，也很有幫助。

決策的基本原則不論在商業上還是在個人領域都一樣。

先以邏輯化的方式找出可能的選項，最後再用感覺做出選擇！

誤導工作人的10個關鍵字之4

chapter 4

實現夢想

夢想我不懂，但我知道理想、野心及妄想

與其勉強尋找夢想，還不如成為某人的夢想！

「實現夢想」和「以興趣為工作」一樣，都是讓人陷入不幸的漂亮話。一旦有人提到「你的夢想是什麼？」「為了實現夢想」又或是「要擁有夢想」什麼的，就會令某些人感到困擾。彷彿沒有什麼特定夢想的自己有著某種缺陷，會覺得「大家都懷抱著夢想努力打拚，但我卻……」，於是自卑了起來。

這非常真實，因為我本人就是如此。

一旦開始做雜誌的工作，就會冒出具體想實現的企劃、想做的新嘗試。

一旦創立出版社，就會想在全國各地的書店拓展Discover 21專區、想做出百萬級的暢銷書、想讓Discover 21這個品牌聞名全球……「夢想」不斷擴大。每次企劃，都想將這訊息盡可能傳達給許多人，想要改變學校教育、想要改變醫療、想要改變法律等，為理想而燃燒。

但，**嚴格來說，這些並不是夢想，應該是屬於企業經營上的願景。或是僅限一時的目標**。

絕不是稱得上「這輩子活著就是為了實現它！」的那種夢想。

年輕時的我，只夢想著能過上不必為了想買某件衣服猶豫數日後最終還是忍住沒買的生活。我沒有想要消除煩惱，相反地，我只想做一個知性優雅、風姿綽約地穿著香奈兒的自己。最多不過這樣而已。

即使如此，我竟然也走到了今天這一步。雖說只是這個等級，但對於認為這等級已經很棒的人來說，難道不是個好消息？

就算沒有可滔滔不絕地高談闊論的夢想，只要開心地盡力做好自己該做的事，願景便會適時自動浮現，目標也會一個接著一個地現身。到時，那「目標」便會通往「使命」。

使命可以事後再補，
或者暫訂也行，更可以隨時更改。
但，人總之還是要有個使命才好。

而在「這個不太對，那個不太好」的更改過程中，你漸漸就能看出自己的方向。不久，在那前方，隱隱約約地像是夢想的東西便會顯現。

就算沒看見也沒關係。那些崇拜你的人也終究會出現。那種「這程度我或許也能做到」的長江後浪肯定會現身。

與其勉強尋找夢想，還不如成為某人的夢想！

誤導工作人的 10 個關鍵字之 4

chapter 4　實現夢想

缺乏企圖心的人動力來源何在？

沒有很大的野心或夢想，也能相當長遠持久

如果沒有夢想，到底要以什麼為動力？

若各位願意聽我聊一下自己，那麼以我而言，我其實沒有什麼「夢想」，也沒有想成為有錢人的野心、沒有想成名的欲望，甚至，沒有想擁有權力好從當初瞧不起自己的人那裡爭回一口氣的典型企圖心。

更別說是像男人那樣，可藉由成就來獲得魅力，進而直達兒孫滿堂之幸福人生，或是交到個明星女友、取個花瓶嫩妻，爭取在同性社會金字塔階級中的最高層級。

基本上以女人來說，成就不僅無法連結魅力，甚至反而還會削減魅力！

那麼，我的工作動力到底是從何而來？到底是打哪兒來的？連我自己都覺得很不可思議。

我想，最初的動機恐怕是「自立」。

脫離母親的自立，不靠男人的自立。能夠自己賺錢，並把錢花在自己喜歡的事物上的經濟上的自立。能夠不被呼來喚去，對於自己認為好的事情、覺得正確的事情，能夠自負責任地執行的自由。不必因為跟這個人分手就會活不下去只好忍耐，能夠不像這樣依賴某人的精神上的自立。

就是為了這個，就在我高中的時候，我下定決心要一直工作下去。然後和可能達到此目標的人結婚，並選擇可能達到此目標的職業（我本來是這麼打算）。

而今日，不論你想不想要，除了「貴族階級」（！）外，雙薪家庭可謂常態，婦女婚後仍持續工作已變得理所當然。因此對於不靠男人，亦即不靠老公的自立這種說法，很可能絕大多數人都沒什麼感覺。

但其實對於泡沫經濟之前、正逢大環境高度成長期的日本女性來說，這樣就算是相當大的「野心」了。

當時，那個時代還沒有男女雇用機會均等法，除了醫生和律師等專業的自由業或理工類的專業人士外，女人即使是從四年制的大學畢業，基本上還是被視為與短大[4]畢業同等級，只能擔任現在所謂的一般職（即內勤事務）。打從起薪開始就與男人不同，更何況那時的徵才不是透過研究室或社團的學長來找人，就是經由學校或介紹人推薦等，亦即透過人際牽線應徵是常態。因此，雖不必像今日這樣動輒投履歷到一百間公司，但反過來說，就算你想要也辦不到。尤其是女生。

在這種情況下，包括教師在內的地方公務員、國家公務員，以及大眾傳播等媒體相關行業至少在入口處有假裝男女平等，尤其是公務員必須參加公務員考試，任何人都能夠應徵。所以我不過是去應徵了國家公務員及出版社，然後選了看起來比較絢麗多彩的後者罷了。成為編輯，甚至是成為出版社的社長，根本就不是我的夢想。也不是我的目標。

就出版社的部分，雖說從創業初期開始，在實務上就是由我一個人包辦，但這件事也並不是因為我想獨立創業所以才開始的。

是因為有人找我去做，並把當下所需的都替我準備好了的關係。我只是想搭上那個人（也就是伊藤守先生）所講述的「夢想」，而這根本也不是由我自己所描繪的願景。

當然，自從開始創業，願景便一點一滴地變得越來越明確，而我也開始思考起Discover 21存在於社會上的意義，亦即使命。雖說一旦化為具體言語，它也就成了我自己本身的使命，但我最初的「動機」其實是「自立」。

所以呢，告訴你一個秘密（！）那就是我真的不懂到底為什麼要思考「工作的理由」（雖然我們公司有好幾本暢銷書都是以此為主題）。**因為不管什麼理由不理由，首先「工作」就是「自立」的必要條件啊。**

而儘管不完美，一旦創立公司並開始發展業務，自己的自立就變得無所謂，為了讓公司獨立、成長，就必須不斷輸出能量。

這時又會需要和剛開始工作的應屆畢業生不同的「動機」、動力。如果這些動機並不是娶到花瓶嫩妻，也不是擁有刊登在《富比士》等雜誌上的那些資產呢？

---

4 短期大學，為技術性的高等教育，學習年限通常為二年，類似台灣以前的二技、二專等學制。

回想起來，這三十幾年發生了很多事，而讓我總是能積極向前、有時甚至是鬥志旺盛地做到今天的最主要動機、動力，應該有兩個。

其一要說是動機可能有些勉強，或許只能算是單純的制約反應……那就是「**抗拒心態**」、「**反叛心理**」。那是一種對於既有觀念、既得權利體質、前例主義等的制約反應式的反叛心理。

例如，原本不過是區區一名雜誌編輯的我，是從創立Discover 21後，才瞭解到某些出版發行的機制。簡言之，就是擁有既得權利的出版社和新加入的出版社，兩者在交易條件（折扣比例及付款地點）上的巨大差異（新興出版社是在既得權利方面毫無希望，而不是在銷售方面）。

當初，做為毫無門路、從零開始的新興出版社之慣例而發展出的「直接交易」（亦即不透過經銷商，直接與書店交易），後來一直徹底實行，結果我們甚至成了出版界數一數二的直接交易者，雖說這應歸功於全體員工的努力，但在其中的許多階段，也確實有著我的這種制約反應式的反叛心理在背後促成。

而另一個動機大概就是「**責任感**」吧。

雖然我不像同年齡層的男性們必須負責養活妻小，但對於願意選擇進入我們這家名不見經傳的小公司的員工們，以及將經營權託付給我的幕後真正老闆伊藤先生，我都有責任。甚至對於已經感覺像是一個活生生的生物的公司本身、對於Discover 21這個品牌本身，還有此品牌所面對的讀者們，我也都感受到了責任。

這麼一想，我就覺得自己似乎能夠體會男人那種工作再辛苦也要保護妻子、守護家庭，那種為了「責任」而活的感受。看似辛苦，但其實這裡頭也包含了一份豐厚的回報，那就是能夠沉醉於「履行責任的自己」的成就感之中。

即使沒有遠大的野心及抱負、企圖心，或是偉大的夢想，人還是能以各種事物為動力來完成許多事情。所以別把沒有企圖心或夢想，當成自己缺乏動力的理由。

不過，話說回來，要是我有那麼一點點跟男人一樣的、俗稱的野心（例如挪用公司的數十億日圓資金，在凡爾賽宮舉辦和外遇對象的婚禮？），或許就能把公司做得更大也說不定!?

做沒有理由，但不做的理由卻很多。所以，就做吧

一旦思考起工作的理由，那就要小心了

到底為何工作？

這問題我想每個人應該都曾思考過。

這和「到底為何而活？」一樣屬於哲學議題。

換言之，這正是在精神上處於沉溺狀態的證據！

當一切順利的時候，一般人根本不會想這種事。就算想了，也多半只是事後附加理由。

我隱約記得有某個哲學家在書裡寫說「哲學家是指不持續思考便會沉溺的人」，莫名地令我鬆了一口氣。因為在那之前，對於所謂的哲學家，以及哲學家所說的

話，我總是有種自卑感。

工作的理由、活著的理由、愛你的理由、結婚的理由……

不管怎樣，當你開始思考**「理由」的時候，通常就要小心了。**

要做任何事的時候，根本不需要理由。人往往是回過神來才發現自己已經在做了。

因為想做、因為無法忍住不做、因為無法放著不管……

做不需要有理由，不做才需要有理由。

所以，要是你思考起「理由」，那就要小心點了。首先，不要太深入探究該理由，

此外，還可以嘗試多運動一下身體。

接著，

要思考方法，而不是思考理由。要想出更好的辦法。

怎麼做才能讓現在自己正在做的事進行得更順利。

然後接下來，

思考做這件事的意義及目的。

不是思考自己的理由，也不是工作本身的意義。
要思考該工作的社會意義、使命。
也就是要將思維朝外擴展。

通常思考起「理由」的時候，就是思維朝向了內側，會不斷陷入自己的世界。
而思考「意義」和「方法」的時候，思維是朝向外側的。
如果朝外和朝內能夠交替平衡的話當然很好，但大部分人都容易偏向其中一方。
以我來說，通常是容易偏外。

問我工作的理由？這個嘛～
基本上，除了擁有非勞動收入的人、受家庭成員（包括配偶在內）撫養的人以外，人都必須工作才能生活。

為了什麼工作？廢話，當然是為了生活啊！

這是馬斯洛需求層次金字塔的最底層耶？底層就很好了。為了生存需求就很棒了。

那麼為何而活？這問題想想其實沒什麼意義。從地球的角度看，從宇宙的角度看，我們和那些蟲蟻並無不同。意識到的時候，就已經活著了。而反正橫豎都已經活著了，就會想要開心地、幸福地活著。不就是這麼一回事嗎？

我不知道「人生在世的理由」，但很清楚自己今天爲何還活著

——反正都要活，何不活得快樂些？為了你周圍的人也好

所以呢，比「工作的理由」更惱人的，就是「人生在世的理由」。

若你正在思考這理由，那還真是相當不妙。

因為人在幸福快樂的時候，是不會思考「理由」的。

基本上，「思考自己為何生在世上」的行為，給人一種自我極度巨大的感覺。令人忍不住想吐槽「你是有這麼大咖就對了!?」

廢話，那不就是個偶然罷了？

你和毛毛蟲或流浪貓有何不同？
厚臉皮也要有個限度，自我意識再怎麼強也該適可而止。

抱歉，你生在這世上根本沒有理由。
但你到今天都還活著，確實是有理由。

那就是，現在有人因你活著而得救，未來也可能有人因你活著而得救。
或許有人因為你偶然展露的笑靨而得到救贖。
反正都要活，何不活得快樂些？除此之外，活著也是為了自己以外的人。
也是為了能夠看見你的、在你周圍的所有人（你只要不照鏡子就不必看到自己，但你周圍的人可是非看不可！）。

不要說那些五四三的，動手做，用結果來說話

積極行事也可能遭厄運，但什麼都不做就什麼都不會發生

所謂「做的理由、不做的理由」這種問題，其實和「做得到的理由、做不到的理由」也相當類似。

從大規模的工作專案，到如家具DIY組裝時有零件缺漏等日常生活中的小事，都能看出這世上有兩種人。

一種是以**「做得到」**為前提思考的人。

另一種則是以**「做不到」**為前提思考的人。

不用說也知道哪種人才是勝利組。

若你想成為以「做得到」為前提思考的人，那方法很單純。不一定簡單，但確實很單純。

①請使用「如果做得到」的說法來取代「做不到」。
②不管再怎麼小的事，總之要實際動手試試。
③看看結果，接受回饋意見，然後再次嘗試。

寫了這幾點後我突然發現，這不正是最近流行的（？）「設計思維」嗎？與其說是設計師的做法，實際上或許更像是工匠、職人等的工藝製作方法。

有時再怎麼用腦袋思考，無論如何都想不到解決的線索，然而一旦動手嘗試，不知怎的就順利解決了，又或是在動手的過程中，下一個構想就這樣誕生了。

換言之，只要試試看，便有機會產生幾乎所有偉大（亦即諾貝爾獎等）發現、發明都必不可少的機緣巧合（Serendipity）。

積極行事也可能遭厄運，但什麼都不做就什麼都不會發生。

正因為有行動，才會遇到意想不到的事，才可能突破現況。光坐在那裡空想，什麼事都不會發生。原因和理由，都從結果去思考即可。一如許多偉大的發現。

機緣巧合誕生於實踐的過程，而非思考的過程。

我的這種行動重於思考，或說行動就是思考的信念，或許正展現了世世代代在不知不覺中所受到的存在主義與實用主義的影響。而將「思考」換成「想法」也一樣。

再怎麼有想法，若不轉換為行動，就無法對現實造成影響，就無法讓對方知道。

即使懂得這道理，卻仍無法採取行動，主要就是害怕告訴對方後所得到的反應。像是提出約會的請求可能會被拒絕的話，寧可繼續沉浸在「搞不好有希望」的幻想中……！

與其認真做了卻失敗，因而暴露自己的實力，那還不如活在「我要是認真起來那可不得了」的幻想之中……？

不管如何，積極行事就像狗走在外頭，遭到棒打還算好的，甚至還可能被車撞到。也可能掉進水溝，或是被拿石頭的壞孩子攻擊（最近可能不太有這麼壞的小孩了）。總之，就是很危險。

行動必定伴隨著大小不一的風險。

因為行動或多或少都會影響現實，亦即會創造不同於目前的狀態。

不同於目前，也就是未知，而未知永遠都會帶來或多或少的憂慮不安。

如果只是想像著「要是事情變成這樣的話，怎麼辦……」，當然是沒有危險的。

在現實裡，哪有什麼棍棒，即使美味大餐或美好對象並沒有那麼常見，遇見迷人夕陽或芬芳花香的機會也顯然是多得多。

倒過來說，我根本不相信僅止於想法的論述。

因為那改變不了現實。

因為那沒有承擔風險。

因為不承擔風險、只待在安全的地方，就和在電視裡恣意批評、亂掰瞎扯的那些人（當然不是全部的人）沒有兩樣。

至少在工作上，只有輸出的部分會被評價。

意思就是，有誰會花錢去買「其實本來是想做得再好一點」的半調子產品？（不過，最近聽說在美國，像特斯拉等公司直接賣起測試版的汽車，然後再依客戶意見持續改良的做法並不罕見……）

亦即不管再怎麼強調「其實我是會做事的人」，若你沒有實際表現出來，老闆也沒辦法雇用你。

日本在一九九〇年代中期，曾有一部電視劇《無家可歸的小孩》非常走紅。

我自己是從來沒看過，但該戲主角、當時年僅十二歲的安達祐實所說的那句台詞實在太過有名，我一直記得很清楚。

「同情我，就給我錢！」

就該要這麼乾脆！

兩種書

說一百次「我愛你」不如直接給戒指!?

這世上有兩種書——

能夠感動人的書，和無法感動人的書。

而所謂的感動，不只是淚流滿面或內心激動不已的那種感動。雖然也包含這些，但這些並非全部。

意思就是……

能夠感動人的書是指，**有感覺並且行動。**

也就是能讓人採取某些行動的書。

採取行動，使狀態有所改變。
換言之，就是能夠改變觀點的書，能夠為人們帶來新觀點的書。
其實，也就是 Discover 21 的口號。

改變觀點，改變明天。

觀點一旦改變，就必定有伴隨著感動的「啊哈！」新發現。
人們常會說「我發現〇〇」，但該怎麼判斷自己是真的發現了？又或只是感覺自己似乎發現了？
讓我教各位一個好辦法。那就是……

依據之後的行動有無改變來判斷。

如果沒有任何變化，那就只是錯覺。是誤會。

即使是所謂「感動人心！」的名著小說、電影戲劇，讀過後、看過後馬上哭得唏哩嘩啦、盛讚不已，自以為真的有感動到，但若過個半天便忘得一乾二淨，不論行為還是想法上都沒有任何改變的話，那就不是能夠感動你的書，就不是能夠改變你觀點的電影。

從小習慣到重大的社會變革，我一直都以做出能讓人採取行動的書籍為目標。

我一直認為，出版能夠提供新觀點、以往從未發現過的隱藏觀點的書籍，正是Discover 21存在於這世上意義（若非如此，那麼有其他出版社的書對讀者們來說就夠了）。

例如就算是學術文化類的書，我們也傾向於出版輸入文化素養後能夠為這世界帶來某些輸出的書，而不是出版專給文化造詣高深的老先生閱讀的書（Discover 21的商標就代表了這樣的「行動」）。

至於具體來說到底該怎麼做？

在技術上有很多做法，但在根本上和其他事物都是一樣的。

就是要以之為目標。

要從頭到尾，不忘以呼籲人們採取行動為目標。
企劃就不用說了，從內容架構到下標方式，全都要徹底實行。
對準讀者的心。

用先前提到的《無家可歸的小孩》那種風格來講就是……

說一百句「我愛你」不如直接給我戒指，
說我「很厲害」不如直接給我工作，
說一百次「看起來很棒！」不如直接給我買下！

「想法」的成真與否

「想做」只是單純的願望，甚至連「想法」都算不上

再怎麼有想法，如果不採取行動，就不可能實現。

有一句自我啟發名言說的是「想法會實現」，但其實這話只對了一半。

想法之所以會實現，是因為該想法在有意識或無意識中，對一個又一個的行動選擇造成了影響。

換言之，是在導致行動時，才會實現。

完全不採取行動的話，就不可能實現。

而自己從沒想過的事情，要喜從天降地意外實現，基本上是不可能的。

不論機會還是機緣巧合，都是落在準備好的人身上。

即使是意想不到的快樂，也是因為有那樣的想法再加上行動，才能夠實現。

我心目中的「理想公司」現已算是成形，而Discover 21之所以不是年營業額一千億日圓的公司，正是因為我從沒有過那樣的想法。就這層意義來說，這反映了我身為經營者的器量偏小。

雖然我也不知如果當初就想著要把Discover 21「做成一千億日圓的公司！」今日是否就真的會實現，但即使每年都僥倖做出一本百萬級暢銷書，我也不認為就能讓它躋身一千億日圓等級。

想法不一定會實現，
而從沒想過的事，也不會意外實現。

在Discover 21，於每個月的全體例會後，會有一段分享時間。

當會議結束，大家便圍成一圈，每個人輪流「分享」自己現在所想的事（這是從員工還不到十人時就開始執行的活動，近來已有近百名員工，所以圈圈已變得相當大）。

基本上，針對發言內容我會要求大家注意以下三點。

① **聲音不能太小**（這樣就無法分享了）。

② **不要講太久**（一個人若講三十秒，九十個人就要花四十五分鐘。一個想法、一句話，應該十秒就能夠傳達）。

③ **不要以「我想做〇〇」的方式宣告目標。**

其中又以③特別重要。

「想做」只是單純的願望，

甚至連「想法」都算不上，那樣根本不是目標達成宣言。

這時必須說「我要做〇〇」。
如果我不提醒的話，員工們十有八九都會說「我想做〇〇」，例如：「這個月我想拿到十個新案子」。
只是許願的話，我也很想這樣講啊，例如：「這個月我想年輕十歲」!?

談論夢想固然是好事，但若真想實現的話，請說「我要做〇〇！」然後對結果負責任。
所謂的負責，不是負責被罵。
而是不論達成與否，都要面對結果、仔細分析，然後將經驗發揮於下一次。
只要這樣反覆實行，

想法就會實現！

誤導工作人的10個關鍵字之5

chapter 5
模範

沒有模範可以是機會，但不能成爲藉口

與其尋找模範，還不如成為大家的模範

先前在激勵各位「要成為某人的夢想！」（第118頁）時，讓我聯想到了「模範」一詞。

「模範」一詞不知是從何時開始被頻繁用於職涯理論及員工訓練課程裡。會不會就是從職業顧問出現時開始使用的？至少在我年輕時還沒有這個玩意，實屬萬幸。

不過，偶爾我還是會被問到「干場女士心目中的模範是誰呢？」這真的令我無言以對。

基本上我這個人標新立異，怎麼可能會想要跟別人一樣，身為一個價值觀是做出差異性、說出不同意見、採取不同觀點、活出不同人生的人，這問題我實在是答不出來（其實我也沒有多特別，只是我的青春就是在那樣的時代度過，那是個以「什麼都反對！」為主流的時代，而今日似乎是以同溫層為主流，兩種風氣剛好相反）。

因此，這種時候我都會回應「我只有在服裝方面有心儀的模範，像是美國前國務卿萊斯、英國前首相梅伊、美國版《VOGUE》雜誌的主編安娜．溫特」。

但不管如何，將某人視為榜樣、崇拜某人並不是壞事。

而我**之所以覺得「模範」一詞會讓工作的人陷入不幸，是因為這可以做為逃避的藉口**。

至於到底逃避什麼呢？就是逃避「克服各種障礙並找出新的工作方法」。很多女性都很容易這樣。

其實「模範」一詞的流行，似乎是從領導力發展訓練等課程開始的，教你更有自覺地選擇模範後加以分析並且學習這種手法。

那時出現的問題是，基本上女人很少有可做為領導者模範的女性前輩可選，自己往往就是第一人。即使被要求「力爭上游」，情況也和「有各種模範存在的男性不同」。

若是將一些常被媒體提及的女性名人列出，然後問這些女性「這位如何？」得到的回應往往是「她感覺像是另一個世界的菁英分子，離我們太遠了，這麼特殊的人無法做為參考」。

若是再問「那麼那位呢？」則又會回答「感覺她是個為了工作捨棄一切的人，我不喜歡這種人，現在不流行這一套」。總之有各式各樣的說法。

但如果是這樣的話，我想說的是——

簡言之，這不就是你以普通的主管級職業婦女之姿，成為眾人模範的好機會嗎!?

正因為是沒有模範的領域，所以有絕佳的機會能夠成為先驅！

這可是**做出與他人間的差異、創造自身稀有價值的機會啊！**

就在我宣揚此論點之際，這十年來，果然在各個領域都冒出了許多活躍的女性。

而在男性的部分，也出現了請育嬰假的社長、才二十幾歲就已創立好幾間公司還併購其他公司而成為大富翁的人，甚至是從東大畢業進過大公司後又轉行當藝人的人，各式各樣的「首創」把媒體炒得熱鬧滾滾。

這些男性並沒有去尋找模範，而是不斷依據每一次的不同狀況，做出自己認為的最佳選擇，結果就成了後進們的模範。

所以說，「模範」一詞會讓工作的人陷入不幸，不只是因為它能成為不去實行的藉口。還因為這十年來，考量到這世界急遽增加的變化速度，**活躍於一、二十年前的前輩們的行為與思維模式早已不再適用了。**

尤其，若那變化是連續性的、線性的也就算了，一旦為非連續性的，就真的是完全沒輒了（這樣說來，累積了相當職業生涯的我（雖然事業不算大，但年資挺傲人），畢竟是活在過去商業模式中的人，所以無法成為年輕的各位的模範！真抱歉，請別見怪）。

當然，就人類不變的本質，或是自行創造出變化的方式等部分而言，別說是十年了，即使是一百年前、一千年前的偉人們，想必也還是有很多可以學習的地方。但，這並不是一般職涯理論中所說的模範。

此外，近來聽說也開始有人建議不要只有單一的全面性模範，而要分別有多個模範，像是簡報方式要學這個人，企劃書的寫法要學那個人，就家庭的理想狀態而言又是學另一個人，還有說話方式及姿態舉止的模範、流行時尚方面的模範等。不過，分別從各個不同的成功案例中學習本是理所當然，我覺得似乎沒什麼必要特地搬出模範這種詞彙。

所以說……

與其尋找模範，還不如成為大家的模範。

跟誰都能學，什麼都能學。又或是半調子優等生僅止於半調子的理由

——對於自己不瞭解的世界，至少要戒慎恐懼，否則無法真正學到東西

我對於「模範」一詞有些抗拒，而理由就如前述，尤其是因為對女性來說，模範（或者應該說是模範的「缺乏」）很容易被當成藉口，用來放棄克服眼前的障礙。所以，倒不如讓自己成為別人的模範是最好的方法。

話雖如此，但我並不是在否定向別人學習的價值，甚至相反。問題其實在於，只從特定的人身上學習。

每年到了徵才的季節，不時就會有人問我——

什麼樣的學生比較會成長？

雖說依據當時的心情，我每次的回答都不盡相同，不過，若以現在的心情來說，答案是——**「學習容量大的人」**。

再怎麼優秀的畢業生，就算是東大的理科三類[5]的人（這種學生從未應徵過我們公司就是了），就社會人而言，也還只是小寶寶等級。就本公司的員工而言也一樣。他們今後還必須不斷學習才行。

那麼，何種人的學習容量比較大呢？通常是謙虛、坦率，而且貪心的人。

我想很多人大概都有實際感受到，**地位崇高的人意外地都很謙虛**，而跩個二五八萬地惹人嫌的，多半都是一些低階小官。

公司裡也是如此。優秀的人其實很謙虛，會聽別人講話。松下幸之助最著名的名人軼事之一，就是連新進員工講話時，他都會拿著筆記本和筆認真傾聽。

越是沒能耐的傢伙，只要對方稍微比自己低階一點，就完全不放在眼裡。彷彿一開始就認定「從這個人身上學不到任何東西」。

5 東京大學中最難考進的一個科類，修完基礎課程後，一般都會進入醫學部。

我都把這樣的傢伙稱做「半調子優等生」。

所有公司都必須要小心這樣的半調子優等生。因為他們一開始或許講得一副自己很厲害、很懂的樣子，但卻完全無法成長。

徵才面試的時候，可能就已是他們的顛峰期了。

這也難怪，**畢竟出了社會後的學習，多半都是從別人身上學習的。**

不是像在學校裡那樣，跟教科書或教授學習。是要向在工作上遇到的人學習。

而且，幾乎從所有人身上都能學到東西。

優秀的經營管理者、能幹的主管等就不用說了，從警衛伯伯到常去吃午餐的餐廳老闆、掃廁所的阿姨、酒店媽媽桑（!?）……不管是什麼樣的工作，只要是認真工作的人……從任何人身上都能學到東西。只要你足夠謙虛。

反過來說，**正因為對學習十分貪婪，所以不管對方是誰，只要一有縫隙、一逮住機會，便會努力學習。**會努力從那些擁有自己所沒有的能力、擁有自己不擅長能力的人身上學習。這樣的態度就叫做謙虛。

所謂的謙虛，並不只是舉止恭敬有禮、溫和節制而已。**對於活在自己不瞭解的世界裡、體驗著自己不瞭解的事物這點，至少要覺得戒慎恐懼，否則就無法真正學到東西**。

因為若非如此，應該就無法覺得「我真的很想知道！」而對方也不會試圖教導一個擺出「我懂、我知道」表情的人。或者應該說，他們會覺得「他好像已經知道了，應該不用教吧」。

如果說謙虛是學習的「入口」，那麼，坦率就是學習的「消化器官」。

好不容易獲得了資訊，卻勉強將自己為數不多的經驗套用上去，強加過濾的結果，便是無法瞭解超出自己已知範圍的事物。

姑且先全盤接受，評論批判可以事後再做也不遲。

至今我曾遇過的非半調子優等生都有個共通點，就是會先嘗試完整複製、全盤模仿。**他們懂得學習來自模仿的道理**，和那些甚至不試圖向前輩學習、還是個新人就堅持獨立作業的半調子優等生們，呈現出強烈對比。

例如，業務員Y小姐就選擇徹底模仿當時頂尖王牌前輩的做法。當我帶著她去國外出差，她甚至連我逛街時的視線落點都仔細觀察，努力學習創意發想的秘訣。擔任編輯的I先生也一樣。從開會討論的方式到電子郵件的寫法、聽打，以及成品稿件的比對檢查等，都十分貪婪地努力學習。

你難道不覺得一個人獨力完成所有事情很棒嗎？

雖然剛剛我把半調子優等生形容成傾向於堅持獨立作業，但他們不見得都是因為傲慢而不願向人學習。只是因為擺脫不了學校裡「必須要自己做到」那種學習方式的魔咒。

舉例來說，有的人到了截止期限逼近時，分配給他的工作都還遲遲未完成。問他怎麼了，他的回應是「不知為何我做得好辛苦」或者「比我想像的還難，進行得很不順利」。拜託，那你要早點反應，我們才能採取預防措施啊！真是夠了！

的確，以學校裡的學習來說，這點或許成立。自己獨力完成確實是有意義的，畢竟在學校是花了錢為自己去念書、學習。讓別人幫忙的話，是培養不出能力的。

但，這是工作。

公司經營就是要拿錢做事，是為了履行對客戶的承諾。目的是要在截止期限前，交出符合Discover 21標準的優質商品。是誰做的、怎麼做的，對客戶來說都不重要。重點在於輸出，不在於過程。

與其一個人使盡全力獨自奮鬥，還不如借助別人的力量，總之就是要端出結果！

這就是工作。

回顧過去的自己，年輕時的我與其說是謙虛，其實更像是所謂的「怯生生」。對於活在自己不瞭解的世界裡的人們感到戰戰兢兢，也對於這世上處處都是自己不瞭解的世界感到害怕。

高中時，對「不及格」感到戒慎恐懼。進了大學後，則對藍領型的男生和追求時尚的玩咖型女生感到又愛又怕。應屆畢業後之所以會拋棄國家公務員的資格，進入女性雜誌的世界，想必也是因為這個理由。

若是覺得害怕、恐懼，就乾脆遠離，擺出一副「我對那樣的世界沒興趣」的態度就好，但我這個人，沒有親身體驗過是不會甘願的。

所以我曾模仿過令自己戒慎恐懼的行為，也曾嘗試接受不同於今日、在當時算是黑暗產業的模特兒工作邀約……不過，都僅止於踏進入口一步的程度就是了。

儘管涉入不深，但竟然一直以來都沒發生過什麼意外，現在回想起來，其實讓人捏一把冷汗的紀錄還真不少。不知是運氣好，還是對方根本就不想理我……

總之就這樣，後來還有名人家庭主婦的世界、考生媽媽的世界、主管級商業人士的世界……等等，我都以自己一貫的方法，亦即透過走進一小角體驗的方式，逐一消除對各個世界的恐懼。

若是被問到「這樣有什麼幫助嗎？」我也只能用「這是我創意發想的來源」這句

來搪塞，不過可以肯定的是——

每減少一分恐懼，就能增加一分自由。

毫無疑問。

恐懼終究是因為無知。只要試著瞭解，就會知道那個世界的人其實和自己並無太大的不同。

我認為所謂的**謙虛，就是承認「自己的無知」，而且有意願「想要知道」**。是想知道、想瞭解的態度使人謙虛。

附帶一提，那位Y小姐和I先生以驚人的幹勁，謙虛、坦率且又貪婪地努力學習後，大概是覺得從這裡、從我身上已經學不到什麼東西，就跳槽走人了。現在他們以年輕領導者的身分，各自活躍於自己的一片新天地。

真是好大的打擊～唉……

誤導工作人的10個關鍵字之6

chapter 6

工作與生活的平衡

別怕沉迷

唯有因沉迷而獲得的東西，才能成為自己永不消逝的力量

工作與生活的平衡。

這個說法，與這件事本身，都不是什麼壞事。

可是……雖然在這「工作方式改革法案」[6]通過之際，必須格外小心以免造成誤解，老實說，我認為這和「職涯規劃」及「模範」一樣，也是個一旦化為具體文字後就會走出自己的路、有時甚至會誤導我們的那種說法之一。

「熱衷於工作，不知不覺就連在假日，只要附近有書店就會忍不住進去看看有沒有自家出版的書籍。對於這樣的自己，我開始有些擔心。這樣好像過度沉迷於工作了，因而沒有達到工作與生活的平衡。」

「我無法告訴大學同學自己對工作很熱衷這件事，因為感覺好丟臉。」

從十多年前開始，我就常聽到新進員工們這麼說。

於此同時，也開始出現一些極力避免超時工作的員工，他們表示「我認為工作和私生活的界線應該要清楚劃分」。若這樣做還能達到預期成果的話，當然很好。

話雖如此，我還是會覺得「這樣真的好嗎？」

當然，我並不是要說「你們都給我加班！」（就算真的這麼想，身為社長是不能公開說出來的！）

我的疑問在於——「這樣會開心嗎？」

因為對我來說，工作是人生的樂趣之一。

工作上當然也會有討厭的事、痛苦的事、可怕的事，會有各式各樣的狀況，也會

6　為日本國會於二〇一八年通過的一項與工作制度有關的重大法案。

有壓力（這部分我最近才第一次感覺到）。畢竟包含這些在內，就是人生啊。

並不是因為我現在是社長才這麼想，打從二十幾歲還是個雜誌編輯開始，我就已經這麼覺得了。

每次有人問我：「你的興趣是什麼？」我總是回答：「工作和流行時尚。」生了孩子後，又再加上「育兒」這項。

如果被問到：「是因為你經濟無虞嗎？」我會回答：「當然是工作支撐著我的生活。**不過，活著這件事本身也就是一種樂趣。**」

如果人生的目的是自我實現，那麼，工作可以是最佳舞台。而關於自我實現，由備受尊崇的經營管理顧問小宮一慶先生（他在敝公司出版的《為商業人士所寫的〇〇力養成講座》系列相當有名）所提出的定義，可說是最為貼切。

這定義就是：

「盡可能成為最好的自己」。

在這麼重要的舞台上提出這種說法，讓人在試圖全心投入時踩下煞車，覺得工作彷彿是為了支撐私生活這個主要舞台而不得不為的苦差事，這樣真的能夠讓年輕人幸福嗎？

當然在這世上，想必也是有無論如何都無法與自我實現一併思考的工作。在人類漫長的歷史中，那樣的工作或許占據了大多數時代的絕大部分。

但幸運的是，**現代人可以從事與人生目的結合在一起的工作，而我不希望連現代人都被強加上舊時代的魔咒，進而被剝奪了這樣的幸運。**

我曾讀過一篇訪談文章，訪問的是一位前公務員，他從CCC集團[7]社長增田宗昭的助手開始做起，在訪談中他談到了增田宗昭社長的工作方式（雖然我對內容的記憶有些模糊）。

據說社長會半夜打電話給他，說是想到了一些事，要他明天早上五點就過去。此

7 Culture Convenience Club，文化便利俱樂部，是日本的企業集團，以零售及文化產業為主要業務，蔦屋書店便是其旗下公司。

外，在前往高爾夫球敘的車上連開兩小時的會可說是常態。增田社長二十四小時都想著工作，所以家裡到處都放著便條紙，這樣一有什麼靈感就能立刻寫下來。而且他還建議部屬們也都這麼做。

想必因為他是老闆兼社長（擁有公司且實際負責經營管理）的關係，但我彷彿已能聽見「像這樣強迫屬下的做法可是黑心企業～」的聲音。

但，不就是從領人薪水的上班族時期開始，便以老闆兼社長的思考模式來面對工作的人，才會成為老闆兼社長嗎？

請容我不怕被誤解地勇敢直言，在某段期間對工作沉迷到堪稱勤奮程度的親身體驗，必定會成為自己實現某項成就時的肥料。

然後，

唯有因沉迷而獲得的東西，才能成為自己永不消逝的力量。才會成為知識，成為智慧。

而這時，為了避免淪為黑心企業的犧牲品，有一點要注意。
那就是，你必須主動沉迷。也就是不能依賴。
即使在某個時期廢寢忘食地專注於工作，若是告一段落，就轉往下一個目標吧。再去投入、沉迷下一個別的事情。

畢竟沉迷也是一種能力。

雖說是能力，但它並不具有先天性的程度差異。
每個人在嬰幼兒時期都具備此能力，只是從某個時期開始，沉迷的行為就被制止了，被父母或老師給制止。像是被要求別老是畫畫，也要出去外頭玩一玩等。
尤其對父母親來說，看到孩子老是只做同一件事，總難免感到焦慮。
他們會覺得這孩子長大後要是變成只會做那件事的人怎麼辦，只會做那種不太可能賺到錢的事怎麼辦。不論該怎麼發展，總之，必須讓他成為更平衡、全面一點的孩子才行（現在的我已進入反省模式。一旦是自己的孩子，很無奈地就是會立刻轉向安全保守路線啊）。

糟糕，有點離題了。由於我很容易就會離題，還是先把想講的總結一下。

①能夠沉迷於某事的人，也能沉迷於其他事情。有些人對什麼事都能沉迷，也有些人不管做什麼都無法沉迷其中。

②沉迷也是一種能力，而我們只是一直被後天教育教導不要沉迷。只要透過練習（或說復健），便能夠恢復這種能力。

③唯有你全心投入實行、沉迷於其中的東西，才能夠成為自己的力量。然後才能夠進入下一個階段。

遠山正道先生年輕時任職三菱商事，那時期便建立起「Soup Stock」專案，而今日則負責經營Smiles公司，他聲稱「我的工作就像戀愛」，甚至還整理出共十三條工作與戀愛的共通點。

工作與生活的平衡（Work-life balance）這一說法大概真的不是很受好評吧，以致於後來又冒出了「工作與生活的整合（Work-life integration）」（一體化）、

「工作如生活（Work as life）」、「寓工作於生活（Work in life）」等說法，而就遠山先生的狀態而言，與其說是「生活如戀愛（Life as love）」，或許更像是「生活即戀愛（Life is love）」!?

不論戀愛還是工作，真的都是由「興趣」和「熱情」所建立而成。雖然結果很重要，但過程本身也很有趣。

所以，我希望大家別再說什麼「適可而止」了。會說出「到底哪裡好？」這種話的傢伙，只是嫉妒你沉浸在戀愛之中，試圖把你往下拉到他的水準（亦即基本上只把工作視為苦差事的勞動價值觀）罷了！

話說回來，那個曾表示「我想清楚劃分工作和私生活界線」的新進員工，經過約莫半年後，眼睛開始閃耀出光輝。他說：「上週我和女友去迪士尼樂園玩時，一邊在商店裡購物，一邊想到『欸，這個搞不好可以應用在下一次的銷售活動耶』，心中不由得湧起了一陣興奮期待。

認真想想，從工作中學到的東西對個人也是有幫助。原來所謂工作和私生活一體化，人生會更有趣是這麼一回事啊。」

而這位員工後來以主要成員的身分，加入了針對年輕族群規劃的商務技巧系列叢書專案「認真商務」，負責向同年齡層的人推廣「讓我們認真工作」的理念。

覺得工作好辛苦？覺得公司剝削你？

人們透過工作而獲得幸福

順著「工作與生活的平衡」這一趨勢，緊接著出現的關鍵字便是剛剛也有提到的「工作方式改革」。自從我懂事以來，大家一直都說「日本人工作過度」。媒體不斷灌輸如勤奮的工蜂之類帶有鄙視味道的新聞內容。

的確，父親從我念幼稚園開始就每天晚歸，甚至，週日還會帶著我去他任職的公務機關，一個人在那兒工作。

自從做到了某個程度的職位，就會有固定必須參加的聚會、高爾夫球敘等。他是那種颱風來了會優先去駐守辦公室，而不是待在家裡的所謂「傳統型的忠實員工」（只不過對我父親來說不是公司，而是公務機關）。

如此說來，我應屆畢業後進入出版社編輯部，每個月的平均加班時數也是高達兩百個小時。在繁忙期，和送牛奶的同時到家，又和送報紙的一起起床，只睡三小時的情況可謂家常便飯（現在的公務員環境可能也差不多一樣黑心!?）。上述情境確實是工作過度。但據說父親年輕時之所以拚命加班，是為了支付當時與他月薪相近的、我所就讀的私立幼稚園的每月學費。而且父親很喜歡工作，他以自己的工作為傲。我認為他絕對沒有自認被迫為工作而工作。這部分我也一樣。

當然，我並沒有因此就覺得應該要恢復舊時代的工作方式。但經過半世紀後，日本人的平均工作時數不斷減少，今日也有統計數字顯示已經比美國人還少了。雖說帶薪休假的消化率以及請長假的人數比例較低，但日本的國定假日是世上最多的，甚至有統計數據顯示，日本的年平均工作日數在已開發國家中偏少。

明明已經如此，卻還以工作過度為由，試圖以法律來統一規範工作時數（政府也已經這麼做了）。看見這樣的行動，讓人不由得產生一種類似「寬鬆教育」時的不祥預感。

我認為縮短工時本來是希望讓勞方達成工作與生活的平衡，讓整體商業環境消除浪費，進而激發創新，以短時間達成高於以往的效能，也就是要提升生產力。然而，就如先前也曾提過的，如果沒有最原始的目的——「創新」，生產力就不可能大幅增加。

那麼，縮減工時就會自然地激發出創新嗎？就會產生豐富的創造力嗎？

不過，在此要討論的並不是這些，我要討論的是「工作方式改革」這一詞彙所隱含的勞動價值觀。

這詞彙其實隱含了「工作是件苦差事」這樣的前提，不是嗎？

簡直就像西方所謂的「試煉」（說到這個，在我擔任雜誌編輯時，曾有個轉職進來的基督徒同事遲遲無法適應這份新工作，總是被主編罵，於是我好意問了他一句「你還好吧？」沒想到他竟面不改色地回答「這是上帝給我的試煉」，讓我有點倒彈。可能我希望他至少用個像日本一點的說法，說「這是修行」吧？）有一種「工作是很痛苦、很不愉快的事，讓我們盡量想辦法縮短工時吧～」的感覺。

這會不會讓本來不這麼想的人、甚至讓**本來覺得工作的獎勵就是更進階的工作的人**，都覺得「欸？我會這麼想是不是因為被黑心企業給洗腦了？」讓他們對自己的工作觀喪失自信？

雖然也有政治人物主張：還不如提出「讓人想要工作的改革」，但我想，真正想要為了自己的成長及成就而工作的人，應該會選擇待在能夠這麼做的職場。更何況，也還有能照著自己的節奏工作的創業或副業等其他選擇。

也就是說，只圖輕鬆爽快地覺得「工時減少了，真是太棒了！」的人，和為了自己而工作的人，兩者在能力上和經濟上的差距終究會越拉越大。

而我所擔心的就是，這會不會和之前的寬鬆教育政策一樣，只縮短了上課時間，卻更加拉大了學力差距。

人們透過工作而獲得幸福。

這是大約十五年前，我替原文書名為《WORK》的翻譯書所取的日文書名。大概是受到此書名的吸引，我獲得了某間大公司知名社長的稱讚。在這樣的因緣際會下，後來重新出版該書的完整翻譯版時，便有幸得到對方所提供的書腰推薦文（那時對方已榮升董事長）。

我覺得工作就是這麼一回事，你以什麼樣的方式去面對，就能夠使之成為什麼樣的事物。

即使做著一樣的工作，若把它視為苦差事，它就會是苦差事；若把它視為幸福所在，那它就會成為幸福之所在。

此外，「工作方式改革」這一詞彙好像有一個隱藏前提，那就是「公司是一個壓榨勞工勞動力的組織」，讓人覺得喜歡公司好像是件很奇怪的事。

我想，的確也有一些公司真的就是在壓榨、剝削勞工。之所以需要以法律來規範，或許就是為了拯救在那種黑心企業裡工作的人們。

但若是對於非黑心企業也抱持同樣的觀點，那就很可惜了。到底有什麼好可惜的呢？因為若人們是透過工作而獲得幸福，那麼，得到幸福的場域便是職場，對許多人來說，也就是公司。

當然像是自營業、自由業等，有些人是一個人獨立工作。不過我認為，

公司是讓平凡的人成為不凡的幸福系統。

因為當人們彼此合作，或是切磋琢磨，並朝著共同的使命努力邁進時，才能夠有最好的成長。

我不是要各位像過去那樣為公司賭上性命。**公司其實也可以視為一個聚集了擁有相同使命的人們，並讓他們彼此切磋琢磨的平台。**而我只是希望，不要連這樣的可能性也剝奪罷了。

人必須貪婪。但不要過度貪婪

——最該先放棄的，是「只靠自己應該就能完美做到一切」的無恥想法

我曾以前一節所寫的論調，把「工作與生活的平衡」列為「造成年輕人不幸的說法」之一，來回應某次的訪談。而那篇訪談後來被某個很受年輕職業女性歡迎的網站記者看到，該記者表示「深有同感！」於是就開始有人注意我提到的「工作與生活的平衡」。但當我想，距離那時都已過了十年，情況該不會根本都沒變，卻發現重點似乎變得不太一樣了。

據說現在工作與生活的平衡已經變得很必要，**也就是在工作和生活兩方面都必須很努力才行**。

尤其是在女孩子之間。在Instagram上假裝真實生活也很充實，亦是此趨勢的現象之一。

簡言之，只會工作是不行的。也必須有一些在工作之外的學習，以及值得炫耀的興趣、嗜好。還有穿著打扮、健身、戀愛……等等也都要。說是這些全都要努力，實在很令人疲憊。

唉呀呀～

這麼說來，我確實也從年輕思想家山口揚平先生那裡聽過類似的說法。**他說最近的女生，已變得必須五項俱全才行，而這五項包括工作、金錢、婚姻、孩子和美麗**。這些全都要追求，實在很令人疲憊。

唉呀唉呀～

十幾年前，我曾推出一個百萬富翁系列，一度掀起了一陣話題。其定義是「不論工作、戀愛、婚姻，都時髦地盡情享受，年收入高達一千萬日圓，在經濟與精神方面都獨立自主的女性」，而勝間和代女士正是我從此過程中發掘出來的。一千萬日圓的金額只是一種象徵，其實我想像的是足以一個人撫養小孩的數百萬日圓程度。

當時在職場上看到的前輩們，多半都是一心只有工作的女強人，而這樣的形象後輩們並不嚮往。如此一來，女性在經濟及精神上的獨立便不會有所進展，而這也正是我試圖展示所謂模範的原因……

而距離那時不過十幾年，這樣的女性就已變得不那麼罕見了。儘管就絕對數字來說或許還很少，但以尋找作者而言，已不像十幾年前那麼辛苦。

不過另一方面，這樣的模範似乎也對年輕人造成了壓力。

雖然我們是想鼓勵大家，不論工作、戀愛還是穿著打扮都要好好享受，就算結了婚也不要依賴老公，可以活得獨立自主，但沒想到卻送出了「要是無法兼顧工作、戀愛及穿著打扮，就不夠完美」的訊息。

接下來這段話或許稍嫌嚴肅（?），但「工作與生活的平衡」這一說法，多半都是用於進入本世紀以來，在現實中的少子化政策、男女共同參與等背景情境下。

畢竟在過去那個時代，「因為家庭（孩子）全都交給老婆處理」，故能將幾乎所有生活都花在工作上，理應是男性的形象，因此，女人就必須在工作和生孩子之間做選擇，結果使得少子化現象加劇，而這點必須想辦法改善才行。在貿易摩擦的背景下，批評日本人工作過度的西方論調，其實也有著「試圖阻止因長時間工作導致過勞死及家庭破裂等悲劇」的面向存在。

「工作與生活的平衡」原本是做為一種能夠帶來幸福而被提倡的理念，不論對職業婦女，還是正在育嬰育兒的女性來說，當然對於其配偶來說也都是如此，只是沒想到卻反而成了女性們的壓力。實在是有夠諷刺，這明明是以只顧工作不顧家庭的傳統男性為假設對象，所提倡的說法呢。

這節談著談著就成了女性專屬內容，那麼，請容我給女孩們一個建議吧：

女孩們，妳們可以更貪婪些沒關係。

想要工作，總之就想要出人頭地。也想結婚，總之就嫁給型男奶爸。既想要孩子，同時也想一直時髦、美麗下去。

妳可以什麼都想要，別侷限了自己的可能性。

可是！

不能過度貪婪。

你可以這個也要那個也要，但不能過度貪婪地試圖全都以自己的雙手完美達成。

這是不可能的！

一切都必須完美達成？你以為你是誰啊!?會不會太自以為是了？

雖說不能低估自己，但也不能太高估自己。

通常正是那些「想要完美做到一切」的人，光一直想就覺得累，結果完美程度往往還低於一般人。

完全正中「雖然沒有得到任何成果，但至少可以給全力以赴的自己一點獎勵」這類廣告策略的下懷。與其如此，還不如：

便當？可以偷工減料。

打掃？可以請人來掃。

老公？他的事請他自己做好。

親戚及周遭人們的眼光？請忽視再忽視。

工作？真有困難的話，就跟主管商量吧。

偷工減料幹得好，外包處理沒煩惱，面面俱到沒必要。

雖說所擁有的事物種類並無數量限制，但畢竟人生就像個熱氣球般，能夠承載的總重量是固定的，終究還是必須捨棄某些東西才行。

而最該先放棄的，或許就是「只靠自己應該就能完美做到一切」的無用想法。

然後好消息是，熱氣球可以越買越大，還有隨著技術的進步，很多東西都會變得越來越輕囉。

四次元思維

——以十年為單位思考，出乎意料地就能獲得一切

雖然剛剛的內容寫的是「別試圖照著你的理想，完美地獲得一切」，但其實，有很高的機率讓一切手到擒來的辦法，也不是完全不存在。當然，我指的是不須倚賴特殊才能、任何人都能做到的辦法。

那就是——

加上時間軸。

也就是說，正因為想要立刻同時獲得一切——成就、金錢、魅力、婚姻、生兒育女、時髦美麗、自己的時間等——所以才會辦不到，才會消極地覺得那只是少數

非常幸運的人的故事。

人年輕的時候，無論如何就是會眼光短淺，所能看見的時間軸範圍較短。因此，很容易以為自己現在看到的就是一切（我以前也是這樣）。

舉例來說，即使現在把所有薪水都拿來付保母費及家務外包費用，只要努力工作，十年後就可以把這些都賺回來；反之，即使現在拒絕工作調動、放棄升官，以家庭為優先，五年後也還是可以致力於工作、拚事業。

以十年為單位思考，出乎意料地，很多東西終究還是能夠手到擒來。

就算不那麼努力，受惠於科學技術不斷進步，這世上很可能會出現許多工具幫助你達到目的。世界的價值觀及一般社會常理，也多少會變得讓人更容易生活。

這不同於依據眼前所見來規劃職涯，**而是一種抓住意外機會的方法**（畢竟，機會總會在意想不到的時候，以出乎意料的形式到來）。

工作上的大好機會、留學的時機、生育年齡等所謂僅限此時、錯過不再的各種機會，在任何時候、在每個人身上都會有。

而在那一刻，一想到要放棄某些東西，人往往就會裹足不前。

與其如此，你最好以至少十年的時間長度來思考比較好。

那不是放棄，只是延後而已。

亦即正是在這種時候，要勇敢地將其他事情都延後。

能用錢解決的事就用錢解決。

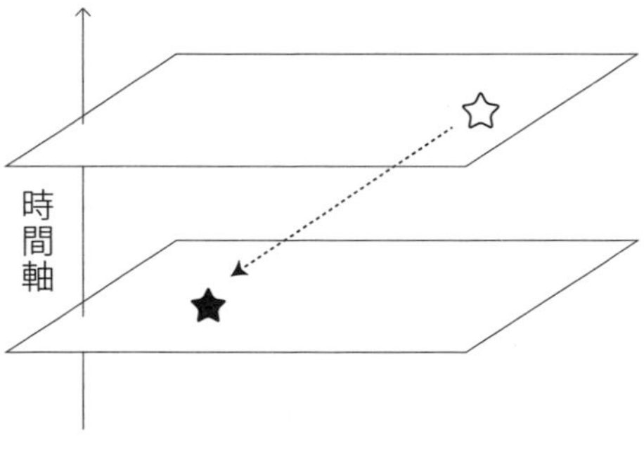

這時的金錢花費是對未來的投資。

機會總是在出乎意料的時候，以出乎意料的形式到來，但同時，機會也只會來到準備好的人身邊。

因此若機會來了，就表示你已經準備好了。

就錯過這樣的機會而言，人生意外地很長。
不像年輕時感覺好像很短，其實意外地相當長呢。

三次元觀點

不論是自己的可能性還是公司的可能性，都別只依據眼前所見來判斷

別只依據眼前所見來判斷這一道理，不僅適用於自己本身的可能性，也適用於公司的可能性。

才剛進公司，就因主管與自己不合而想立刻辭職，這樣真的太急躁了。現在的主管不見得永遠都是你的主管，過一段時間就會有職務調動。他有可能被降職，也有可能主動辭職。

只因為環顧整間公司，覺得五年後能做的工作也就只有這些，於是離職，這樣也是太急躁。

要知道時代在變動。這是一個別說是五年後了，就算是一年後也無法預測的時代。計劃五年後要坐上某職位、進入某部門的做法，還比較危險呢。

越是年輕，視野就越狹隘，越短。畢竟人生經驗少，這也是沒辦法的事。

別說是「面」了，甚至很容易就依據現在這個「點」來判斷事物。

哪有可能採取什麼四次元思維，連二次元都沒有，根本就只有一次元！

我覺得——

至少要達到三次元的思考，換言之，至少要從稍微高一點的層次俯瞰才行。

還有，**工作不是別人指派給你的，更不是別人逼你做的，工作是自己創造出來的。**

若是對目前的工作感到厭煩，那就自己創造出新的工作。

雖然這部分依公司不同，有很多不一樣的做法，但千萬別只看現在眼前的主管就做出「毫無可能性」的判斷。請稍稍拉高一點層次，試著從課長的角度、從部門經理的角度、從社長的角度來看自己的工作。要試著看看公司整體的工作。

若這樣仍看不見這間公司的明天，那麼，這時再開始寫辭職信也不遲。

誤導工作人的10個關鍵字之7

chapter 7
不能被討厭

被討厭，剛好而已。被喜歡，那就更好

「不會被任何人討厭」意味著「沒特別受到任何人的青睞」

小時候被媽媽責罵時，我如果說「我最討厭媽媽！」，我媽都會回：

「好佳在你討厭我，拜託拜託別喜歡我～」

我記得她對於沒常識的熟人、朋友等也都是這麼說的（想必不曾當面說過就是了）。或許是被我媽的這句口頭禪給嚴重污染的關係，當我在性格測驗中看到「要很小心地不被任何人討厭」這一欄時，很驚訝地發現「我的天啊，原來世上有這種人」。

不過，對於這樣的描述，若自評為「完全不符合」，那肯定是騙人的。

我也是會自然地迎合當下情境，留意周遭人的反應。其實，我自認是個很細心敏感的人。

只不過若問我老公或是我身邊的人，他們都會說：「你老愛講那種故意惹人厭的話，總有一天會吃到苦頭的。」

話說，**敝公司在出版界是罕見地以業務能力為導向**。因為我們採取直接交易，不經由出版界的經銷商。

我們每個月都必須主動到店推銷，否則書就上不了書店的書架。目前全日本有一萬多間的書店，我們主要與前五千大的書店有往來；基本上，這都是一間一間逐一拜託來的成果。

那段艱辛的歷程會在本書最後稍微聊一聊，不過，在此我想討論的是，占了員工數一半的業務人員們，歷來業績最佳的人到底有哪些共通點。

畢竟是業務，在大家的印象中，他們應該是擅長感受現場氛圍、掌握對方想法、贏得對方喜愛的那種人。

但就我所看到的來說，其實相反。

能持續做出好業績的業務員，就某種意義而言，必定有其白目之處，有某些不識相的地方。

這麼說不知會不會被罵。

當然，他們並不是徹徹底底的白目。我剛剛說的是「就某種意義而言、有某些地方」，也就是說，他們只是在「別人對自己的觀感」這方面不敏感、很白目而已。

相對於此，他們對銷售點的狀況則是很敏感、且充分掌握。

總是能針對銷售點推薦合適的自家商品，以達成店家與敝公司雙贏的目標。換言之，也就是將有銷售量的書籍，推薦給業績有增長的銷售點，好進一步促進書籍的銷量。他們會把焦點放在這部分。

即使對方表情稍有不悅，也無法讓他們退縮。意思就是，他們對此無感。

換一種說法便是，他們不做超出必要的「好人」。

反過來說，遲遲無法提升績效的人（除了懶惰的傢伙外），往往都是在做「好人」。

他們並不是好人，他們只是「做好人」的人。

那麼，到底是怎樣的人呢？具體來說，就是怕被討厭的人。害怕被他人討厭以致於說話無法強硬。與其推薦自己覺得好的書，寧可選擇不被對方討厭的那種人。

因此，所謂「做好人的人」其實也不適合擔任主管或團隊領導者。一旦被對方怨恨、討厭，便覺得不妥，於是說話就硬不起來。開會討論時也會觀察周遭臉色，過度在意現場氣氛而不肯提出自己的意見。

亦即比起達成目標、提升公司業績，他更在意的是自己不被討厭。

過去以協調者之名，這種人或許也曾一度備受重視，但在一切都講求創新、變革的今日，很難有什麼讓他們發揮作用的機會。

更何況，「做好人」這件事對該本人也不好，並不值得，因為**實際上「做好人」的人不見得一定受到喜愛。**反而是說話直來直往，總會與某人發生衝突的人比較受歡迎。

觀察每年來應徵我們公司的應屆畢業生們，我感覺「乖寶寶」們一年比一年多了起來。他們規矩嚴謹，懂得觀察現場氣氛，而且不跟人吵架。

但擁有信念並朝之邁進的人、為了共通目標或目的有時會說出一些不中聽話語的人，雖然偶爾可能與他人發生衝突，但多半也都會受人尊敬。就算只是單純任性、不考慮旁人、我行我素的人，往往也相當受到周遭人們的喜愛。

因為除了對自己有敵意的人、侵犯自己的自我認同的人、毀壞自己尊嚴的人、可能會損害自己的既得利益的人……也就是除了會威脅自身「安全」的人之外，人們並不會特別去討厭其他人。

畢竟每個人光是守護自己的「安全」——身體上的安全就不用說了，還有心理上的安全、經濟上的安全——就已經筋疲力竭。

不管你再怎麼小心翼翼，都有可能被某人討厭，無論如何都不可能被所有人喜歡。要知道，如果有人對你極為欣賞，那麼，應該也會有人對你極度厭惡。

所謂「不被任何人討厭」，
也就是「沒特別受到任何人的青睞」。

所以呢，「好佳在你討厭我，拜託拜託別喜歡我～」

我認為人可以活得更自由一點，沒關係。

「被討厭的勇氣」

讓某些人特別喜歡你，就有可能導致你被同樣數量的人討厭

很久以前我曾出版過一本叫《這麼做你就會被討厭》的小書，該書現已絕版，而當時書中訪問了大約一百個人，逐一詢問他們到底討厭怎樣的人。像是愛說謊的人、小氣的人、不肯努力的人……等等，雖然每個人都挺開心地講了很多，但最後我的結論是，

「討厭我的人」。

而這道理也同樣適用於喜歡的人。

雖說包括我自己在內，也總是為了討人喜歡而做出一些無用的努力，但其實討人

喜歡並不難。只要想想你自己喜歡怎樣的人就行了。

簡言之，**就是「喜歡我的人」**。

也就是只要你自己先去喜歡人家即可（只不過這道理不見得適用於男女關係，真抱歉）。

人為了讓其他人覺得「那傢伙好厲害！」而努力追求成功，並將所得到的東西「公開」做為成功的證據，其理由就在於想要透過這樣令人佩服的方式，來獲得更多人的喜愛。

儘管被說是好厲害也不見得就能受到喜愛，甚至應該說「令人佩服」和「讓人喜歡」很多時候其實是相互衝突的，但對於某一種人來說，要讓別人喜歡沒沒無聞、毫無成就的自己，可是比獲得成功更困難得多（他們自己這麼認為），所以只能盡力而為。

而不屬於這種人的一般凡人，則會努力地避免被討厭。

雖說不被討厭和受到喜愛是兩碼子事，但由於不知道怎麼討人喜歡，所以就只能小心翼翼地避免被討厭。

「別惹人討厭」可說是人類這種無法獨自生存的社會性動物的一種本能，故就生存而言，以此為信條是很合理的策略，但若是加上「任何」一詞，就會變成「別惹任何人討厭」，而立刻成為不合理的策略，成為所謂的非理性信仰（Irrational Belief）。

「我們人類所有的煩惱都來自人際關係，所有的幸福也都來自人際關係。」

此話出自著名的奧地利心理學家阿德勒。若是如此，那麼，產生出那些人際關係煩惱的一大非理性信仰，便是「別惹任何人討厭」。換言之，這是個妨礙幸福人生的觀念。

有些人即使總是滿不在乎地說著一些惹人厭的話，但也只是不知道那樣很討人厭而已，其實該本人並不想被人討厭（說的就是我吧!?）。

畢竟每個人都怕掀起戰爭，都會想要盡量避免。

正因如此，我們才會被「被討厭的勇氣」這樣的書名給吸引。

而繼《這麼做你就會被討厭》一書後，我又做了一本現在也已絕版的《所謂喜歡、所謂討厭》。

在該書中我發現，一旦讓某些人特別喜歡你，就有可能導致你被同樣數量的人討厭。不知為何，只要自己認識的人特別喜歡某個除自己以外的其他人，就會覺得自己被輕視了，就會開始討厭對方。即使本來沒有特別喜歡對方也會這樣。

總而言之，

選擇「不被任何人討厭」的人生，
就等於是選擇「不特別受任何人青睞」的人生；
而選擇被很多人喜愛的人生，
也就等於選擇被那麼多人討厭的人生。

你選哪一邊？

雖說選哪邊都好，不過我認為，將來能夠成大事的人顯然是後者就是了。

誤導工作人的10個關鍵字之8

chapter 8
領導力

不必每個人都立志成爲領導者

優秀的追隨者能夠造就優秀的領導者

不論在學校還是公司，大家總是呼喊著「要有領導力」。一進到書店，架上滿是與領導力有關的書籍（如此說來，我們公司也出版了一大堆），讓人覺得好像非得以領導者為目標才行。

感覺領導者在上，追隨者在下。若是當上了領導者，就要再以更上一層的領導者為目標。

那件事發生在我兒子小學四年級左右的時候。

還記得是在家長會談，由於級任老師說了類似「他很會念書，但缺乏領導力」的話，那種彷彿兒子是個以自我為中心的孩子，讓我忍不住反駁。

我說：「他的確不是會積極帶頭的類型，但並不是以自我為中心，反而是會選擇站在支援他人的立場。」

其實，我在小學高年級時，成績單上也總是被寫著「稍嫌消極」！由此可知老師的評語是多麼地不可靠。除此之外我想說的是，為什麼學校的老師們總是試圖把「積極且具領導力」這種千篇一律的理想形象，套用在所有孩子身上？

基本上，如果世上所有人都成了領導者，那要由誰來支持領導者呢？是誰要跟隨領導者呢？

正因為有了願意追隨他的人，領導者才能成為領導者。

亦即**造就領導者的，正是跟隨他的人們，也就是追隨者。**

具有高度追隨力的人不也很重要嗎？

其實，告訴我這個觀念的人，是兒子國中一年級時的導師。當時，兒子進入的是一所競爭激烈的男校，每個人過去都是班上第一。

那時導師告訴我，在這世界上，像我兒子這樣的類型有多麼重要，還說有**領導力和想成為領導者是兩回事**。

若你是那種過去總是當班長、去競選學生會長、擔任校慶活動要角的人，請以領導者為目標。希望你盡可能讓這世界朝好的方向改變。

又或者，若你是那種其實很想當上班長或部門主管，但感覺會被嫌棄「怎麼輪得到你!?」所以就說不出口「我想當」的人，還有那種「我真的很想當領導者，但卻當不上，大家真的很沒眼光」的人，也請你以領導者為目標。

但是，若你的個性本來就比較適合追隨能夠信賴的人、協助別人達成夢想，而不是引導他人的話，也就沒必要勉強自己以領導者為目標。

不必因為當不上領導者而感到丟臉，
也不必羨慕成為領導者的同事或後進。

其實在這世上，追隨者的數量明明遠多於領導者，但想成為追隨者的人卻太少。甚至，很多人其實只想當個追隨者，但總覺得周圍不斷有聲音告訴他「你不該僅止於此」。

感覺上，追隨者就是比領導者矮了那麼一截。

但事實並非如此。

追隨者造就領導者。

優秀的追隨者能夠造就優秀的領導者。

換言之，所謂的追隨者並不是盲目跟從領導者、沒有自己的意見和自主性，也沒有責任感的人。追隨者是指「自主地承擔責任並跟隨領導者」的人。

就此意義而言，不論追隨者還是領導者，都不過是不同的角色分工罷了，其實兩者都需要領導力。

而每個人只要活著，必定都擁有那樣的領導力。

若是一般的自我啟發類書籍，就會以「你是自己人生的領導者」之類的話完美收尾，但如此一來，就會出現像這樣的人——

「我是自己人生的領導者，所以我不讓任何人跟隨，也不跟隨任何人。」

也就是所謂孤狼型的人。像這樣的人又是如何呢？

若你真的很喜歡一個人行動，覺得這樣最像自己、是最理想的狀態的話，那也沒什麼不好（不過，只要是工作，即使是一個人獨立作業的自由接案者，或者應該說正是這樣的工作型態，反而會出現更多要被迫服從客戶或合作廠商等的情況……）。

可是，若你其實是想成為領導者，卻因為當不上而不肯面對「世界」，那我只會跟你說：

「快給我脫離那種兩歲幼兒的叛逆期！」

不需要隨時隨地都樂觀積極

「永遠開朗、積極、向上！」什麼的，讓人覺得很假

和領導力一樣經常被學校老師掛在嘴邊的，還有所謂的「正向思維」。這可能會讓你想到常見於自我啟發類書籍的「只要積極正向地面對一切，就能順利度過！」這類句子（我們公司可能也出版過類似書名的書籍），但是，其實這正是不幸的開始。

基本上，「永遠開朗、積極、向上！」什麼的，感覺就很假。就像是「我在求職研討會上受過特訓了！」那種只會單一簡報話術的人容易有的說法，充滿著令人難以信任的可疑感。

畢竟，**我們本來就是因脆弱而愛操心又善於嫉妒、總是焦慮不安且傾向往壞的方**

面思考的生物。而且，面對事情時先做最壞的假設以做好準備，是生存最基本的原則。

由於示弱不利於生存，因此我們總會假裝自己沒事，但偶爾也會有軟弱到無法假裝堅強的時候。

又或是，在今日的社會風潮下，說些悲觀的事、與大家相反的意見會顯得比較聰明；但就生存而言，說一些不同於優勢年齡層（就是我的這個年齡層！）的樂觀、與周遭人相同的話，比較容易在群體中生存。即使如此，偶爾也會有無論如何都想說出「再這樣下去真的不行！」等悲觀言論的時候。

在這種時候，說些喪氣話又何妨？就當個悲觀的傢伙又怎樣？就當自己很遜、很蠢、很惹人嫌，有什麼關係？

「佛系」也很好。

對總是樂觀積極的你感到厭倦的人，並不只有你而已。

要對自己的表情負責

請注意自己的表情對周遭所造成的影響

這番話感覺和前一節的說法有些矛盾，不過，我要是看到有哪個年輕主管一大早進辦公室就表情陰沉、臉色難看的話，都會嚴詞告誡說：

「請對自己的眼神、表情負責。要注意自己的表情對周遭所造成的影響。」

不管家裡有什麼問題，就算因為這段時間的業績表現不好而垂頭喪氣地來上班，在推開辦公室門的那一刻，請自然而然地挺直腰桿、擺出「好臉色」、有精神地開口跟大家打招呼，才是主管的樣子。

因為主管是負責激勵大家的角色，尤其在公司或部門狀況不好時更是如此。

若你是在確實瞭解自己什麼樣的表情、傳遞給周遭什麼樣的非語言訊息，會造成多大影響的狀態下這麼做，那麼，要怎麼表現你的軟弱，或表達你的焦慮都沒關係。問題是，很多人對這部分都太缺乏自覺。

甚至，有些人明明懂得這個道理，卻還是不自覺地露出嚴峻、陰沉、彷彿身體不舒服的表情。通常不是想藉此博取同情，就是在試圖建立威嚴。

不管是哪一種理由，或許確實能達成目的，但這樣並不會被人尊敬，也不會受到信賴。不管是哪一種情況，圖自身便利而擺出的病態表情，對周遭而言都是很大的困擾。

你的影響力比你想的更大。

若你是主管就不用說了，即使是新進員工，也要對自己所展現的表情負起責任。要對自己造成的影響有所自覺。

誤導工作人的10個關鍵字之9

chapter 9
責任自負

對別人說的「責任自負」，會像迴力鏢般地回到自己身上

——大多數事情都是「自己」與「周遭」責任各半

「責任自負」一詞到底是從何時開始常被人們掛在嘴邊的？可能是小泉內閣時期吧？還是從大家爭論國家是否要去營救被阿拉伯武裝分子抓走的人那時開始的？又或是大家公開討論起努力賺錢的人為什麼非得要養那些倚賴社會福利、活得懶惰又毫無計畫的人們的話題時開始的？

總之，是與全世界各種「落差」逐漸擴大時開始的吧。

如果你是個一旦發生不順心的事，就會忍不住怪起社會、怪周圍環境、怪公司、怪主管、怪部下、怪老師、怪爸媽的人，那麼這話用在你自己身上，亦即用來律

己確實挺好。畢竟一切都是自己選的，故其結果也該由自己承擔。這是一種自主而獨立的理想狀態。

難道只有我認為這話用在別人身上時有殺氣騰騰的感覺嗎？

因為聽起來像是支持「落差」的擴大、擁護與弱勢切割的政治立場，事實上，這句話一直以來是被社會所默許的。

而且不止如此。一開始這句話主要是由菁英分子們對弱勢族群使用，但現在卻像迴力鏢般地回到了他們自己身上。

也就是說，**基於「責任自負」的原則，即使只跌倒了一次，也會讓他們極度沮喪、嚴重受挫。**

實際上，據說越是排名居前的頂尖大學學生，像是東京大學等的學生，這種傾向就越是強烈（畢竟這些人在進入東大之前，很可能都不知挫折為何物）。

即使不到東大等級，一直以來都是成績不錯的好學生的人，看來也是被「責任自負」一詞所束縛著。

失敗的時候，不順利的時候，明明只要尋求他人的幫助即可，但他們卻因為「責任自負」而拚命地責怪自己。如果責怪自己能獲得什麼結果的話也就算了，但多半都是在沒有結果的狀態下，僅以挫折作結。

「責任自負」一詞的沉重壓力，立刻就把他們給壓垮。

正因為對自己如此嚴格（？），所以對別人就會更加嚴格。不然，想盡辦法努力避免嚴重失分的自己不就「虧大了」？才會對別人的失敗過度苛責，才會拋下對方說他是「自作自受」。

難道，就連這一丁點的挑戰也無法承受嗎？

招募應屆畢業的新人時，來應徵的學生們一年比一年更有「乖寶寶」感，或許也是因為這個緣故？但，我們明明就是在出版業這種靠人氣獲益，可是人氣卻有如酒店小姐般不穩定的業界裡啊。

就這層意義而言，與「責任自負」成套的「必須要規規矩矩」，或許也是另一個「讓工作人陷入不幸的說法」。

因為若凡事都規規矩矩卻失敗了，可能不致於被追究責任，但要是不夠規矩而失敗，那就會被責備說你必須「責任自負」。

還有一點，不管對自己還是對他人，當事情不順利時，一再強調「責任自負」、「責任自負」的背後，**很可能是因為存在著事情之所以順利都是「多虧了我」的自大心理**。

但，其實大多數事情都是「自己」與「周遭」責任各半。

至少我是這麼認為。

其中「周遭」也包含了所謂的「運氣」，而「大多數事情」不只是壞事，也包括好事。

若能這樣想，對自己、對他人都能稍微寬容些就好了。

想像力比創造力更重要

所謂愛，就是想像對方的自我中心性

在前一節中我有寫到，過度追究「責任自負」的態度給我一種殺氣騰騰的感覺，不過另一方面，我也覺得這或許是整個社會越來越缺乏想像力所造成的。

今日之後的國家未來發展正站在分岔路口，目前雖聽得進我們是需要「創造力」的人才，可是對於「想像力」的需求卻鮮少耳聞。

或許是因為人們覺得創造力是指從無到有，彷彿就代表著「生產力很高」，但「想像力」並不會創造出任何東西，就只是在模仿既有的東西罷了（我就是這麼想的）。或許，是因為很多人都自認不擅長「創造力」，但對於「想像力」就覺得沒問題，覺得比較有自信（我以前也是這樣）。

可是在工作上經歷了各式各樣的失敗後，我開始覺得，

至少在實務上，想像力其實遠比創造力重要得多。

例如，交期都過了稿子還是沒交來、設計師做的設計不符合意圖、書店店員被我惹毛了……等等，雖說出包在所難免，但究其原因便會發現其實絕大多數都是「為什麼一開始沒想到可能會有這種狀況？」「為什麼不一開始就先講清楚？」這種只要發揮一點「想像力」應該就能避免的問題。

反之，所謂工作速度快，亦即「生產力很高」的人，很自然地就會注意到這方面，總會為「萬一」和「最壞的情況」做好準備，總是想好了備案，因此較少出包，就算事情意外不順時，也能不慌不忙地採取下一步行動。也就是說，他們確實地發揮了「想像力」。

基本上，**大部分所謂的「時間小偷」都和找東西及出錯（失誤）有關。**

例如，在進行重要簡報前的午餐時間，不小心讓白色外套沾到了義大利麵的蕃茄醬汁！於是慌慌張張地試圖用水沖洗，又為了買去漬筆急忙地衝進便利商店，本來就已經快遲到了，偏偏在這關鍵時刻計程車怎樣都叫不到，結果電車又誤點，很不幸地就遲到了！（之所以能描述得如此栩栩如生，是因為這正是我本人的真實經歷。是的，穿白外套的時候吃茄汁義大利麵便是錯誤所在。要不然就是那天根本不該穿白外套去……）

這個例子雖然太過簡單了點，但——

工作的能力出乎意料地，就是靠著累積這種程度的想像力而形成差距。

其實，不只是在實務工作上如此，在家庭、戀愛，以及朋友關係上，也都一樣。

尤其在人際關係方面，要說想像力就是一切，或許也不為過。

「想像」對方的狀況、對方的感受，其實就是所謂「站在對方的立場」。

我們透過「自我意識」，以自己為中心來觀看並解讀世界（所以若「我」死了，對「我」來說的「世界」也會同時消滅），但同樣地，**別人也是透過他的「自我意識」來觀看他的世界，因此，重點就在於你能否想像「那個『世界』不見得跟**

你自己看到的世界一樣」。

用比較體面的講法就是「擁有多樣化的觀點」、「接受這世上存在有多種不同的價值觀」。

有些事看似理所當然，但顯然就有大叔即使因被控性騷擾而辭職，卻還是不懂自己到底哪裡不對。像這種都一把年紀了，卻還不懂這問題出在哪裡的人意外地可多著。

這些人在特定時代的特定環境下生活至今，認為自己具特定屬性的觀點就是一切，故對於女性怎麼想、別人對自己怎麼想等方面嚴重缺乏想像力。

若非如此，因性別問題而掀起論戰的那些「沒惡意」廣告[8]就不會毫無節制地一再出現……！

這種「以自我為中心」的觀點，和在皮亞傑的認知發展論中被認為出現在兩歲到

8 主要是一些廣告製作者自認沒惡意，但從受眾的角度來看，顯然有不當性暗示的廣告標語。

五歲幼兒身上的「自我中心性」（例如玩捉迷藏時，只把自己的臉塞進洞裡，即使整個背部都暴露在外，仍自以為躲好了）基本上感覺沒什麼不同。

「我為什麼非得跟你約會不可呢？」

「因為我喜歡你啊。」

「我為什麼非得接受那份工作不可？」

「因為我希望你做那份工作啊。」

「真沒想到你竟然會說出這種話。」

「我不是那個意思。」

……諸如此類。

簡言之，**我認為這就是缺乏「愛」。這不是禮儀或邏輯思考力的問題，這是愛的問題。**

一旦沒有愛，就必須不斷地撰寫使用手冊，像是「這種時候請這樣做」、「做這件事的時候請注意這個」、「對於這樣的人請這樣說」……等等。

也就是說，

所謂愛，就是想像對方的自我中心性。
想像力就是愛。

這麼說來，這世界缺乏想像力就表示這世界缺乏愛囉？
我誠心祈求這只是因我個人情況所導致的偏見！

小孩與才能都不是上天賜予的禮物，而是社會暫時寄放的東西

碰巧被分配到的人，有義務予以磨練並回饋給社會

前面講了一大堆什麼使命、社會問題的，一副很了不起的樣子，但說來慚愧，其實我自己是到了近四十歲左右，才開始強烈意識到使命這件事，而且是在有了小孩之後。

開始考慮生小孩，覺得生個孩子或許也不錯，是在我有把握公司應該做得下去、而且有辦法越做越大的時候。

話雖如此，但當時公司仍處於員工僅區區數人的草創期，工作忙碌的我，除了孕吐那段時間外，直到生產前一刻，幾乎每天都忙到坐最後一班電車回家，可能是

因為外套遮住看不到吧，又或是因為我怎麼看都不像是孕婦的年齡，於是大家都體貼地覺得若對方只是體型圓潤就讓座便太失禮了，總之，在電車上我只被讓座過一次，就是在預產期的那個月（我至今仍記得那是一位三十歲左右的出色女性！年輕男子就別說了，大叔們根本都不讓座的!!）。

然而，當我一生完，大家便開始拚命讓座給我了。

雖然我不曾在上下班時間抱著小孩坐電車（當時要帶著嬰兒車上電車非常麻煩，最主要是並非所有車站都有電梯或手扶梯，而且也只有百貨公司部分樓層的廁所設有嬰兒座椅），不過，偶爾在白天坐電車時，會讓座給我的都是五十歲左右的女性。

基本上，我以前幾乎從不在會遇到帶著嬰兒的媽媽的出沒時間搭電車，也不曾讓座給帶著小孩的女性，就算偶爾遇到，由於當時還不知道嬰兒其實很重，故從頭到尾都沒打算讓座。所以當自己被讓座時，感覺就像雖然住在同一個地球上，卻好似誤闖了另一個次元般，對這個自己一無所知的世界竟然存在而感動不已。坐在旁邊的阿姨不僅主動開口跟我聊天，還親切地逗弄孩子。真的是個過去我一無所知的「世界」。

我兒子三歲左右時，有一次喝他最愛的果凍飲料一口氣喝得太多，結果在電車裡吐了，一旁有位穿著打扮相當體面的阿姨立刻上前，將手上的雜誌撕了幾頁下來，然後一邊幫忙擦除嘔吐物（畢竟是小孩，量沒有很多），一邊對著慌忙道歉的我說「沒關係，你看好小孩就好了」，還遞了手帕給我。

我自己曾對不認識的人、對小孩如此親切熱情地伸出過援手嗎？於心中滿溢感謝之情的同時，我突然體悟到，

小孩其實是社會的財產。

這想法湧現我腦海。

我自己是在不知找了幾位保母後才終於遇見合適的優秀人選，才得以與之合作養大了兒子。戒尿布的訓練和腮腺炎看醫生等，也都是拜託她幫忙處理的。

上了幼稚園後，我也對幼教老師們發自內心的溫暖照顧萬分感激。副園長甚至曾

在忙於工作的我還不知道時，就先及時幫我把兒子帶去看醫生。還有上了小學後的那些體操教室及繪畫教室等兒童才藝課程的老師們，總是好心地幫我照顧兒子，直到我姍姍來遲地跑來接人為止……我想這些都不只是單純為了工作責任，當然也不是為了我，更不是為了我兒子。

我認為原因就在於，**大家都具有小孩是由大家一同培育、照顧的想法**。一邊工作一邊養小孩這話說得彷彿自己好厲害，但實際上這是有非常多人親切地幫忙看顧的結果。

所以在這過個程中，我開始覺得，儘管很多人都說「孩子是上天賜予的禮物」，但其實——

孩子是社會暫時寄放的東西。

我真心這麼認為。

因此身為父母的人，有責任好好養育小孩，必須使之成為能對社會有所貢獻的人才行。對於小孩，父母親並不擁有所有權，但卻有責任。

如此想來，

我們每個人的才能也並不是個人財產，同樣都是社會暫時寄放的東西。

我也真心這麼認為。

才能到底是遺傳得來還是環境造就，這點可謂眾說紛紜，但不論是遺傳還是環境，總之是有的人有，有的人無。不管如何，都是在本人不知情狀態下被寄放的，都是偶然的恩賜。

不過，出生時偶然擁有了超群出眾的記憶力、偶然擁有了格外出色的運動神經，或是偶然生在特別有錢的家庭裡，這些都不是該本人的功勞。就和恰巧被生得特別漂亮的人一樣，長得漂亮並不是他自己的功勞。

此話一出必定會引來反駁，說：「但我很努力啊，一直都比別人更努力。」

那是理所當然啊！
碰巧擁有優秀才能的人就是有這個義務！

要知道能夠努力也是一種才能。

畢竟在這世上，想做卻做不到的人可是一大堆呢！

說到這個，前幾天我跟在敝公司出版處女作《平凡媽媽教出會念書的孩子》而出名的江藤真規女士接洽新書合作事宜時，她說：

「與其說是教出會念書的孩子，應該說是教出能夠做到念書這件事的孩子。」

基本上，**把才能當成私有財產是一種傲慢**。

畢竟那只是恰巧被分配、寄放在個人身上的東西。故我認為，被分配到的人不能只將之用於私人目的，要記得必須回饋給社會才行。

就在幾年前我這麼想的時候，看到電視節目「白熱教室」上的麥可・桑德爾教授對哈佛的學生們說，有名的羅爾斯教授也說了同樣的話時，真是嚇了一大跳（呵呵，好像有點太臭屁了!?）。

恰巧被分配、寄放在個人身上的才能，
儘管可能還未明顯展現出來，
但我們都有義務要予以培養、磨練。
不只是為了自己，更是為了他人。是為了社會。

這麼一想，是不是就渾身充滿了力量呢？

誤導工作人的10個關鍵字之10

chapter 10
自我成長

自我成長是結果，不是目的

工作的目的在於真實感受到對某人有所助益

我不確定「自我成長」的說法是否會造成年輕人的不幸，不過，和「領導力」、「正向思維」一樣，這話也是說起來漂亮，若是過度強調就會讓人覺得哪裡怪怪的。

的確，學會了一件昨天不會的事、能夠達到昨天所無法達到的速度、瞭解了昨天所不瞭解的事、知道了一個昨天還不知道的世界……等等，持續成長的真實感受是學習與工作的動力來源，也是樂趣所在。因此，**工作正是自我實現的場域**。而隨著員工們如此成長，公司也會不斷成長。

這麼說來，工作就是為了自我成長囉？雖然這說法有部分是正確的，但……突然之間我忍不住猶豫了起來。

至少，並不是每天在工作的時候，都意識著「自我成長」。只是在短時間及長時間專注投入於達成工作目標、解決工作課題的過程中，某天突然就被周圍的人說了一句「你真的成長了呢」，而我就是這樣過來的。

另外，我也認為過度強調「自我成長」屬於先前提到的輸入主義，有一種能量方向朝內的感覺。但工作畢竟不是學習，因此，能量的方向似乎應該朝外才合理。透過工作，我們確實是有機會能夠實現自我，**但公司並不是為了你的成長而存在，其他員工也不是為了你的成長而存在。**

雖然我自己每天都會有好幾次突然覺得「還好我當年有選擇這份工作」，但都絕不是在意識到自己「有所成長」的時刻。反而主要是在注意到周遭的成長時。說是員工的成長、讀者及作者還有書店那些合作夥伴等的成長，或許會讓人覺得有些狂妄，但其實就是得到別人感謝話語的時刻。尤其是聽到那種因Discover 21的某本書而得救、人生有了改變、工作變得很充實之類的讀者回饋意見時。

也就是說，我覺得「還好我當年有選擇這份工作」的時候，**都是在真實感受自己透過工作而對某人有所助益、為社會帶來了些許附加價值的時候。**

以前，我在第二間雜誌社工作時，曾一度覺得「自己為什麼要做這種工作？」對公司的存在意義和職業本身都失去了信心。據說我當時表情陰沉地走在街上，就連偶然遇見的友人都不由得擔心起來，問我到底是怎麼了。

我那時負責的是流行時尚、手工藝、美容、室內設計，不論是哪一個主題，也不論有沒有這本雜誌的存在，都不會對這世界造成改變，也不會對任何人有什麼幫助，讓我很後悔離開第一間公司。

我覺得自己能做的應該不止如此，當初根本就不該選什麼心理系，應該要去念法律系立志當律師才對，甚至開始考慮現在重來一次或許還不遲。

就在那段時期的某個早上，我一如往常地在公車站等公車，而我的目光停留在正走向隔壁一家大企業總部大樓的一位女性上班族身上。

不只是因為她充滿了知性美，奪走我目光的，是穿在她身上的那件外套。

大方的羊毛刺繡圖案加上法蘭絨的直線剪裁，這不正是不久前我負責的「手工時裝」單元所介紹的外套嗎！

她該不會自己做了一件吧？只有法蘭絨布料的灰色深淺度有些不同，其他部分幾乎都和雜誌裡介紹的一模一樣。那外套在早晨的商業區裡散發著耀眼的光芒。

就只是這麼一件小事而已。明明就只是這樣，我卻像是擺脫了惡靈附身般，重新獲得了對工作的動力。

先前我曾說過，讓我能夠持續工作至今最主要的動力來源是「責任感」，不過我想，責任感的前提或許就是「對某人有所助益」的真實感受與自信。若結果能獲得某人的一句「干場女士也終於有所成長了呢」，那是最完美不過了。

要知道自我成長並不是目的，而是結果。

過去也是能夠改變的

事實無法改變，但解釋的方式可以改變

很久沒看電視的我某天心血來潮打開電視，發現WOWOW頻道正在播二〇一二年的電影《攔截記憶碼》，於是就看了起來（也看了阿諾・史瓦辛格以前的作品，但我忘了片名）。

故事發生在不久的未來。那時「記憶」成了一種商品，人們可以購買記憶。而藉由移植記憶的方式，便能夠改變自己的過去，也能夠改變自己的人格。

姑且略過電影的細節不管，在戲中，以往曾任職政府機關的「壞人」頭頭，對著試圖恢復自己過去真實記憶的男主角說：「過去全都是幻想，都是自己創造出來的幻夢。」

接著我不確定他是否說了「正因為是幻想，所以能改變」。但我很確定他有說下

面這句話：
「所以過去毫無意義，重要的是現在。」

過去無法改變，但未來可以改變。現在的改變將決定你是怎樣的人。
這樣的說法很常聽到，正是所謂「自我啟發類書籍」的經典句子之一。

現在才是重要的。
現在能夠改變未來。

雖說我對這兩點並無異議，不過就算不用什麼未來的古怪器材，

過去也是能夠改變的。透過現在就能改變。
因為過去（以及現在）全都只是「解釋」罷了。
事實無法改變，但解釋的方式可以改變。
畢竟我們所有人都是透過解釋事實而活著。

這是我從Discover 21的董事長、也可說是我人生導師的伊藤守先生學到的眾多知識中，對我來說，數一數二的一項重大體悟。

之所以會突然寫到這個，主要是因為想到了先前也提過的，自己在小學高年級時，成績單上總是被寫著「稍嫌消極」那件事。

由於一直到中年級為止，老師給我的評語一向都是「積極、外向」，因此現在想想，大概是有了第二性徵後，對自我有所覺醒，亦即進入了所謂的青春期。而且我想也不只是因為情竇初開，還要再加上記憶中媽媽說過「你不是很適合一個人隱居山林的那種生活嗎？」這種不像是玩笑的評價，導致我長期偏頗的自我認知。

即使撇開這些因素，我以前模模糊糊地就是覺得自己的童年時期是灰色的，以音樂來比喻就是單調的、陰沉的。

為什麼呢？是因為照片。以前的照片都是黑白的。

照片裡的我總是一個人孤零零地站著。在公園或車站，在各式各樣的地點，永遠都是一個人（因為妹妹還沒出生）。

不可思議的是，不知為何，我一直都沒意識到還有替我拍照的人（不用說，當然就是我父母）在場這點，就這樣長大成人。

其實，仔細一看便會發現，照片裡的我雖然沒有開懷大笑，但臉上確確實實帶著微笑（是個不像小孩的小孩就是了）。

自從我注意到這點後，腦海浮現的都是能夠證明自己是被父母用心撫養長大的那些記憶。

基本上，有一大堆在各式各樣的地點一個人站著的照片，就表示有人帶我去了那些地方。以當時父親微薄的月薪來說，底片錢和洗照片的錢應該都不是什麼「能夠不當一回事」的支出，但爸媽在各處開心地為我拍照的樣子，我是在自己有了孩子以後才終於明白。

雖然有些離題，不過，我還有個相反的體會要分享。

國中時期，我被譽為該校有史以來最出色的高材生（好啦，其實那間學校當時只有短短七年的歷史），只要走進教職員辦公室，就連我不認識的老師都會對我行注目禮（在「我的記憶中」是這樣的）。

實際上，從一年級到三年級的所有期中、期末等共十五次的考試中，有十四次我都是全年級第一名（只有一次考了第二名，而當時考第一名的那位男同學後來就轉學去東京了！）當然，畢業典禮那天，我是以畢業生代表的身分致詞。

後來，幾年前，我參加了第一次舉辦的非正式國中同學會。

曾擔任我的導師長達一整年時間的Y老師也在場。

談笑間，依稀聽得出他還記得幾位學生，所以我理所當然地覺得他一定也還記得我……可是沒想到，老師竟然完全不記得！怎麼會連這麼優秀的學生都不記得!?

真是令我大受打擊，身為該校有史以來最出色的高材生、在老師們間也大受好評的記憶，該不會是我的幻想吧？是錯誤的記憶造成的誤會？明明國中時代就是我人生的最高峰啊！

唉呀呀～

不管如何，過去也好現在也罷，總之，解釋、幻想、誤會都朝著好的方向想比較好，只要不造成別人的困擾就好。

擺出陰沉的表情說出悲觀的話，其實只是一種預防措施的行為，希望即使情況變糟，也能說：「果然，我早就知道了。」希望可以不必受到傷害。

但像這樣，只是不斷累積這種記憶的人生真的好嗎？如果發生壞事，就盡情悲傷、用力苦惱即可。

如果人生是由「現在」所累積而成，
那麼，何必為了根本還沒發生的「未來」，
特地把重要的現在給弄得陰沉晦暗？

即使「過去」全都被塗成黑色也沒關係。

因為就像黑白棋一樣，你可以一口氣把它們全都變成白色的。
透過「現在」就能做到。

幸福不是目標。蚱蜢真的不幸福嗎？

幸福不是一個「標的」，而是一種「狀態」

在前一節中我曾如此寫道：

如果發生壞事，就盡情悲傷、用力苦惱即可。如果人生是由「現在」所累積而成，那麼，何必為了根本還沒發生的「未來」，特地把重要的現在給弄得陰沉晦暗？

不過這種生活方式，難道不會太「蚱蜢化」嗎!?

就像寓言故事裡只享受「現在」，不考慮明天，結果熬不過冬天、落魄而死的蚱蜢！（這故事雖有各式各樣不同的結局，但在最原始的版本中，螞蟻很冷淡地把蚱蜢給趕了出去）

確實，當蚱蜢開心玩樂時依舊在拚命工作的螞蟻們，想必是不會有那種度量，或者說不太可能寬容大度到因「無法過冬的蚱蜢好可憐」而出手幫忙。哪有人這麼好心的！自己做的選擇要「責任自負」！不工作者，不得食！所以，大家都要為了明天好好認真工作，要確實繳納勞保費，這樣老了以後才能安心過生活。這個寓言故事就是為了教導人們這個道理。

蚱蜢餓死了。喔不，在餓死之前應該已經先凍死了才對，再怎麼說，蚱蜢畢竟是夏天的生物。但不管怎樣，蚱蜢真的比螞蟻不幸嗎？

有句話說：「只要結果好就一切都好」。

原來如此，儘管螞蟻每天再怎麼辛苦，但最後有溫暖的地方可以待著，不必挨餓受凍（但應該吃不飽，因為能囤積的糧食是有限的），可以安享天年，所以一切都好，是幸福的勝利組。

相對於此，那蚱蜢呢？

這陣子，我開始很在意蚱蜢。

我大部分的薪水一向都花在衣服上，等我意識到的時候才發現自己的墓地還沒買，養老院的入住費也沒存到。簡直就像是過著蚱蜢般的生活，現在終於到了差不多該擔心的年紀。

可是……總之到時再說吧。我老公曾說「最好是在拉斯維加斯落魄而死」，若這樣的話，那我就出家好了（不過這種出家理由應該不會被接受）。話雖如此，但不知怎的，我似乎就是不會認真思考這種事情。

我都跟員工們說：「我是負面教材，你們別學我。」

就算我沒這麼說，他們各個都很認真踏實，沒人想學我。只是，才進公司第二年，薪水只增加了兩、三萬日圓，就立志「要存更多錢！」真的好嗎？

前陣子，我開始注意到這樣的年輕員工似乎越來越多。簡直就是日本「失落的二十年」的犧牲者。

每個月存兩萬日圓，就算持續存十年，以幾乎生不出任何利息的今日來說，也只能存到兩百四十萬日圓左右。與其如此，還不如每個月把這兩萬日圓花在培養某些技能上，不是更好嗎？又或者，把這些錢花在享受只有現在才能做的事上，不是更棒嗎？（以我來說就是花在流行服飾上，不過對工作也沒啥幫助，就只是以投資為名的浪費罷了……）

沒錯，就是投資自己。

如果擔心將來，那就投資現在的自己。

節流不如開源，節儉儲蓄不如多賺一些。

而且，這樣過程才會更開心、愉快。

也就是說，別把人生的目標設定成「得到」幸福。

因為既是「得到……」，就表示現在還不是這樣、現在還沒得到，對吧？

這樣好嗎？

明明都說了人生是「現在」的累積。

幸福不是一個「標的」，而是一種「狀態」。

我是這麼認為的。

換言之，

現在這一刻「處於幸福狀態」，
遠比在很久以後才「得到幸福」更重要許多，
不是嗎？

幸好，現在就獲得幸福其實並不是那麼地困難。正如前面寫過的，因為人生就是「解釋」。

因為我們的所見所聞、我們的體驗，都僅限於對事實的解釋，而非事實本身。

換句話說，就和那個大家常說的半杯水例子一樣。覺得「只剩半杯」又或是「還有半杯」，不同的解釋形成了不同的幸福感受。

順道一提，如果螞蟻型和蚱蜢型的人生只能二選一的話……我想我應該還是會選擇蚱蜢。

我知道推動著這世界、讓世界「進步」的，是螞蟻型的人們。我也知道有些人總是使出渾身解數，在極大的身心壓力下，每天與歐美及中國企業搏鬥，是這些人領導著國家前進。在這種狀態下還說什麼「工作必須要樂在其中」，這像話嗎？

但我要反駁的是，即使我落魄而死，也別就此斷定我的人生不幸福！

若能獲得「那傢伙雖然對GDP沒啥貢獻，但還挺有意思的，讓人很開心」之類的評價，對我來說就是最好的讚美！（另外補充一下，要是還有人稱讚「而且很漂亮」的話，我真的死而無憾！欸，不對啊，那時我已經死了，現在講的是死後的事呢！）

只要結果好就一切都好。沒錯，若過去一直都活得艱辛，但晚年很是幸福快樂的話，當然很棒。

但是，若只因為自己很寶貝地認真飼養的狗兒，在安享天年之前離世而感到悲傷不已，**就否定牠在世時的那些幸福日子，這就很糟糕了。不管現在再怎麼痛苦，過去的日子都值得感恩。**

只要過程好就一切都好。

我會這麼想。

我會對現在覺得悲傷的人這麼說。

講一個題外話，我在網路上看到一篇批判文章，內容說的是「在女性結婚的新聞中，經常可見『她抓住了幸福』的慣用句，但對男性卻不使用這樣的說法。這算不算是一種不合時宜的表達方式？」

的確，直到不久前，對女性而言，結婚都還代表了生活有保障、可以安心地養兒育女。這應該就是過去所謂的「幸福」吧。

而且會使用這種句子的肯定是男人，很可能只是在確認自己做為女性獲取「幸福」之對象的存在意義。

那麼現在呢？

以我們公司的員工來說，感覺上結了婚並實際感受到自己「抓住了幸福」，而且從旁人看來也確實如此的，反而是男人呢。

人無法只爲了自己而全力以赴

——若有個人能讓你覺得「我要為他（她）努力」，那麼你很幸運

先前提過，我的工作動力源自於「對某人有所助益」的真實感受，而我是在創立Discover 21第四年時，才強烈體會到這點。

那時我們終於開始出版針對書店販售的圖書，就在第三本作品《我想傳達這樣的感受》大賣（儘管當時有鋪貨的書店不過四百間左右，相當有限，但追加訂單的電話可是讓我們每天接到手軟呢），就在我終於有信心能真正經營起這家出版社，並描繪進入二十一世紀那年（因為是Discover 21）要達成營業額十億日圓的願景（後來也確實實現了！）那時候。

那時，包括我在內僅五名的員工中，竟有三人同時表示要離職！

每個人離職的理由各自不同，雖說當時辭職的三人中有兩人至今和我都還有往來，大家並沒有鬧翻，但當時就連我都認輸了，總之只能說是我領導無方。

畢竟是只有五人的小公司，實在算不上什麼真正的社長，但我自認有為大家很努力地加油。如果只是為了自己，那麼，回去女性雜誌領域的薪水還比較高，又可以每天過得光鮮亮麗。我明明是為了大家，但卻……

或許我該辭掉這份工作。反正婚也結了，又沒有房貸要背，生活無虞。

在三人連續提出離職意願後，我跑去問現在已是編輯部主管、堪稱我的最佳左右手的藤田。

「你呢？你打算怎麼辦？」

當時我們的辦公室位於原宿，是一間很小的兩層樓木造建築（由於正值泡沫經濟全盛期，即使是這樣的建築物，每坪租金單價也比今日的平河町森大廈要高），一樓的起居室兼廚房被當成倉庫使用，出貨也都由我們自己一手包辦（因為採取直接交易，所以商品，亦即書籍，是由我們自己依訂單送到每一家書店去）。而擔任編輯兼業務員兼書籍製作還兼任出貨工作的東大畢業生藤田聽了我這句話，便停下手邊退還書籍的封面更換作業，一邊憐惜地摸著書，一邊回答：

「就算只剩你跟我兩人，我也想繼續像這樣摸著書。我想要堅持下去。」

聽到這個回答的瞬間，我就像被雷打到而充飽了能量般，心中湧起了勇氣與鬥志。

於是我發誓：

為了這個人，我要再努力看看。

人無法只為了自己而拚命。
若是為了某個別人，反而更能發揮難以置信的力量。

就是在這一刻，我第一次真實感受到這個道理。

現在想想，所謂的「為了他」，或許其實也只是給自己的一個藉口，是為了讓自己可以為某人而努力罷了。其實這一路以來，我並沒有特別想著自己是為了藤田而努力。

但若**有個人能讓你覺得「我要為他（她）努力」，那麼你很幸運**。若這份工作有益於某人，就算單打獨鬥也能拚得下去。擁有這種工作的人是幸福的。

我總會把自己喜歡的名言印出來，裝飾在自己的房裡。

一個人做的夢，就只是個夢，
一群人懷有的共同夢想，便是真實。

這是小野洋子的話，只不過英文原文用的不是「一群人」而是「together」。
實際上，Discover 21 就是像這樣一起走到今天。
時而狂奔，時而悠閒慢行。
今後也將繼續往前邁進。

同
場
加
映

改變觀點
改變明天

改變觀點　改變明天

——DIS＋COVER，除去遮蓋物，便能開拓新視野，世界於是改變

Discover 21這個公司名稱本身可說就是Discover 21的編輯方向、行銷方針，也是員工的行為準則。亦即Discover一詞的語源，DIS＋COVER，「除去遮蓋物」之意！

那麼，為了除去遮蓋物，該怎麼做才好？就是要改變觀點。

如此便揭露出下一句口號，而且不止如此，這似乎早就已經廣泛滲透員工及讀者之間。

改變觀點　改變明天

事實不會改變，但藉由改變觀點，世界便會改變。

例如，你看到的是蘋果掉落抑或是被地球吸引，又如你認知到的是太陽在轉或是地球在轉，這些都使得之後的科學發展以及我們的生活變得大不相同。

幾乎所有科學上的發現，都像這樣，是透過新觀點才能有所進展，而這道理亦適用於自己與某人的關係。在某一刻，看到了對方完全不同於以往的一面，於是對這個人的看法便有所改變，兩人的關係也因而產生變化，我想這類情況可說是相當常見。

自己對自己本身也是如此。

正如先前提過的，透過不同的方式（亦即觀點！）解釋過往的事件，不論現在還是過去，都會隨之改變。接著，明天就會改變。

而隨著我們的明天有所改變，組織的明天便會改變，社會的明天便會改變。

那麼，要如何改變觀點呢？

最後就來談談**我自己「改變觀點的方法」**。

① 在不具任何成見的領域做事

首先，既然說是改變，就表示有原本的觀點存在。

就是一般所謂「以往的常識、想法、慣例、前提、成見」等。不論是成功解出了數學題時、新產品的企劃誕生時，還是想出了劃時代的宣傳詞時，都是透過改變觀點而得以突破框架的一刻。

在這之中，是否存在著什麼樣的共通條件？

是否存在著可複製的技術呢？

Discover 21 以不透過經銷商、直接與書店交易的出版社而聞名，因此一開始經常被媒體採訪（說是一開始，但其實從公司成立起算有好多年，根本沒有什麼媒體關注。開始有媒體人士知道我們的存在，是在進入本世紀之後的事）。

——貴公司真是有先見之明！怎麼會想到要採取直接交易的方式呢？

這根本不是什麼先見之明。因為要讓書籍在書店上架，**就只有這個辦法而已**。若是在有大型出版社人脈的狀態下獨立創業，那應該沒問題，但對於毫無門路也無過往實績的新興出版社所出版的書籍，經銷商根本不會理你。所以只能逐一拜託每家書店說「您只須支付已銷售出去的費用。我們每個月都會來清點已賣出的本數」。

是到了這幾年，大家才開始重新考量直接交易的做法，在此之前，這在出版界算是邪門歪道，根本就不被當成一回事。

儘管如此，一些歷史悠久的大型連鎖書店及地區性的知名連鎖書店等，基於重視出版多樣性的原則，也因為以文化的領導者自居，再加上人力和基礎設施也都有一定程度的完整性，所以很快就讓我們上架了。

但其他書店可就沒那麼好搞定了。

由於直接交易的請款單、退書等都必須與經銷商分開處理，因此對絕大多數人手不足的書店來說，肯定是不受歡迎。

現在，我們之所以能與以主要書店為中心、約半數的數千家書店直接交易，我認為全都歸功於業務員們的熱情與努力，以及各家書店店員的支持，還有當初極具獨特性的書籍產品。

在最初的幾年裡，我們曾出過所謂 CD 尺寸、大小近似 CD 封套（128 公釐×148 公釐）的書。

實際上，在我們超過百本的隱形暢銷書中，主要包括以日本企業教練界第一人伊藤守先生的話語所編輯而成的、還有以「愛讀者卡」收集而來的讀者投稿所集結而成（當時還沒有網路也沒有手機）的書籍產品。基本上都以小型的尺寸規格、少量文字、柔和的插圖及實物大小的照片等做為特色，累計銷售多達數百萬本。

此外，也曾因苦於內容不足，而由我自行撰寫並用自己的名字出版了兩、三本書（前幾天我在名古屋遇見一位年輕的女性企業家，她將其中一本現已絕版的《可愛的我》庫存搶購一空（？）並拿來分送給親朋好友，真的讓我非常感動！）。

當時針對書店，我們用的宣傳詞是**「Discover 21 把以往從未到過書店的年輕女性帶進書店」**。

而當我看見辣妹風格的女高中生，和褲子垂到大腿附近的男高中生情侶在書店櫃台，仔細端詳著我們的 CD 尺寸書說「這個，很讚耶」的樣子，著實感動不已。

在那個沒有網路的時代，CD尺寸的書成了大家表達、共享愛、戀情、勇氣、友誼、感謝、悲傷……等等情懷的場域。

也因此，隨著網路開始普及，CD尺寸的書籍便功成身退，但無論如何，這都是替 Discover 21 打下基礎的系列產品。而這部分，後來也成了受訪時經常被問到的主題之一。

——能夠想到CD尺寸的書這種點子，真是厲害耶！

但這其實也不是什麼厲害的點子。剛創業時，毫無門路的並不是只有書店通路，裝幀設計師也是找不到。

唯一的設計師，是當時一位員工的朋友。

當我們把版面都是留白、幾乎沒什麼文字的書籍原稿（那時的美國禮物書市場已有許多這樣的書籍產品）交給她時，得到的便是CD尺寸的設計。畢竟，她本來就是一位CD封套設計師！

結果，當業務員把該產品帶去書店推銷時，據說還被冷回「尺寸不同，無法上架」。書籍是有既定尺寸的，以日本來說，常見的包括四六版（188×127公釐）、小B6版（170×128公釐）、文庫版（148×105公釐）、新書版（182×103公釐）等，而我們的CD書根本不符合上述任一種規格。

說來丟人，曾為雜誌編輯的我，是在那時才第一次知道什麼叫「四六版」。換句話說，CD尺寸的書之所以會誕生，只是因為我不知道書籍有既定尺寸罷了。而且不只是我，那個員工和他的設計師朋友也都不知道！別說什麼突破框架、除去遮蓋物了，**其實就只是本來就沒有框架也沒有遮蓋物而已**。

另外補充一下，CD尺寸書大量留白的內容形式，也曾經成為被拒絕上架的理由。據說還被撂下一句「這算哪門子的書啊！」若是現在，業務人員大概會反映說產品請配合市場來設計。當時對我徹底信任的業務經理小田也只回應「我會把它在書店上架，好讓讀者們看到」，至今令我感到無限感激。

至於我為什麼會想到要出版這種內容的書呢？理由都是一樣的。只因為曾是雜誌編輯的我，並不知道日本的書店不喜歡這樣的書。

之所以會以讀者投稿的方式出了幾十本書，也只是因為沒有作者願意替這麼小的出版社寫書（和現在不同，直到二十世紀結束為止，非小說類的作家幾乎都是非常厲害或相當有名的人）。

還有，後來也開始有人說我「擅長發掘商管類書籍的新秀作家」，但我並沒有特別擅長，只是因為這是**當初唯一的手段**罷了。

所謂的從零開始創立出版社，就是指從什麼門路都沒有的地方開始，沒有書店通路，沒有作者，沒有設計師，也沒有印刷廠。

所以雖然我囉囉嗦嗦地講了一大堆，但總而言之，

改變觀點的第一個方法就是，在不具任何成見的領域做事。

唉呀呀～說得這麼直接真抱歉，但就像所謂的專業經理人可以做食品公司的CEO，也可以做電腦公司的CEO。雖瞭解經營管理的本質，但對該業界的常

識與細節幾乎一無所知的狀態，想必能成為一種優勢。

② 質疑前提

「可是，我已經很瞭解現在的工作了……」這種時候該怎麼辦呢？還有別的方法。

改變觀點的第二個方法，就是質疑前提。

「到底本來是為了什麼？」也就是要回歸原始目的。

若某本書的目的是要賦予讀者踏出第一步的勇氣，那麼，並不是只有偉大的心理學家寫得密密麻麻的書，才能達成該目的。

採取漫畫形式或許不錯，用輕小說來表現應該也可以。甚至CD尺寸書的大片留白與觸感舒適的紙質，再加上讓人心靈平靜的封面插圖等整體設計，也有可能達成目的。

對所謂「書就是這樣的東西」等前提、慣例、常識提出質疑，暫且回到白紙狀態，回歸原始目的。然後大量列出所有可能的選項，再盡量從中選出現在做得到、但以往從未有過的形式。

在作者方面，與其找已有完整作品的人，我更偏好「發掘」在某領域極為專業、但就書籍作者而言還沒沒無聞的人。雖然對於Discover 21來說，不是只有這個辦法，但因為在實際的內容製作上，這樣才能充分發揮外行人在書籍製作方面的優勢，才更有可能與我們一同挑戰剛剛所說的那種全新冒險（從以往不曾有過的切入點，來創造前所未有的新型態書籍）。

補充

另外，關於為何尺寸不同就不行這點，若是「因為太大所以放不進書架」還可以理解。我一直以為尺寸比一般小應該就不會有問題才對，但後來才知道，似乎是因為不符合經銷商送來的紙箱規格的關係，因為既非四六版，也非文庫版。但我們是直接交易，所以會放進專用的紙箱送過去……！

再補充

從開始做CD尺寸書大約兩年後，雖然銷量還是很好，但考慮到若只是利用這個形式，點子終究會有耗盡的一天，於是我們決定也試著以「正常尺寸」的形式來發揮各種巧思。

但沒想到！之前那麼抗拒地說什麼「CD尺寸無法上架」的書店，這會兒竟然說「不是CD尺寸我們無法上架，我們不想上架」！

令人不由得深深感受到，人類真是一種在任何方面都討厭改變、無論如何就是不喜歡有變化的生物，基本上就是前例主義。

雖然CD尺寸書一開始遭到強烈抗拒，但在兩年後，卻有許多書店爭相表示「我們也想賣CD尺寸書，我們想跟Discover 21交易」。

這一切都歸功於每個月期待著新書上架的讀者們啊。

③逆向操作、反叛、反骨

基於上述，改變觀點的第二個方法就是質疑前提，回歸原始目的（第一個方法則是在不具任何成見的領域做事！）

那麼，第三個方法我並不確定是否正確，但我一向都這麼做（也做了好多年），那就是：

逆向操作！
朝著現在流行的、大家都在做的、大家都在想的反方向前進。

其實用「逆向」一詞算是比較含蓄。說「反叛」或許更為精準。

不過，這也可能是在反對美日安保條約！反對日本軍國主義！反對越戰！反對制服！等什麼都反對的「反體制為青春時髦之證明」時代裡，在對母親叛逆的狀態下長大的我的問題也說不定……又或者說是反骨精神比較酷!?

就目前的情況，針對普羅大眾的觀點來提供「不，等等，或許不是這樣」的反對看法，並藉此獲得新發展的方式並不少見。

至少在屬於「中間媒體」的書籍世界裡（畢竟就絕大多數書籍第一版都只有幾千

本便結束的現狀而言，實在很難稱得上是大眾媒體，對吧？）把容易被大眾媒體主張淹沒的少數派意見撈起，也是一大主要功能。

在電視的世界裡，即使有一百萬人收看仍算是低收視率，但如果是書籍的話，各家出版社都是幾十年才有一本百萬級暢銷書。就連報紙雜誌都看不上眼的五萬本這種銷量，對於稍微艱澀一點的書來說，便已是暢銷書等級。

如果其內容實際上反映了數百萬人「欸？這好像怪怪的喔」的潛在想法，揭露了尚未浮出檯面的社會議題的話，對社會造成的影響，絕對是銷量的好幾倍以上。因為它會確實影響到那些人們。

有鑑於書的影響力，因此也不是什麼都反對即可。

例如，能否因為對醫師及癌症治療有諸多埋怨或充滿不信任感，便出書否定所有的治療，也是取決於出版方是否贊同那樣的意見。

安倍政權剛上任時，我就對其所推動的通貨再膨脹運動抱持疑問，覺得「等等？這是唯一的答案嗎？」雖是一種直覺，但我就是想反抗。

在那樣的情況下，我剛好收到小幡績教授所寫的《通貨再膨脹很危險》一書草稿，於是便立刻決定出版。對於其言論，有人贊同也有人反對，但我認為這種問題就是該掀起更多的討論才行。

除了政治思想外，在迷你裙的全盛時期勇敢穿長裙，在黑色很流行的時候選擇柔和的中性色彩，在木村拓哉特別紅的時候選擇香取慎吾（不好意思，我舉的例子都很舊很過時），**試著刻意站在與多數意見相反的立場思考，正是想企劃案時的訣竅之一。**

重點不在於提出什麼，而在於不提出什麼？重點不在於說什麼，而在於不說什麼？

還有，重點不在於做什麼，而在於不做什麼。一個人的美學就顯現於此

那麼，接著要如何判斷所想出的企劃、解決方案、創意構想呢？又或者該採用多個方案中的哪一個呢？雖說這與個人及組織的使命有關，但我總希望它要是盡可能**「美」的那一個**。

這裡所謂的美，並不是藝術上的美。當然，設計上的美也的確很重要，不過，更重要的是道德之美。

用現在流行的話來說，就是合乎道德（ethical）、合乎規範（compliance）、舉止文明（civility）、符合生態（ecological）、永續的（sustainable）。

就人的行為而言是否美？
就公司的狀態而言是否美？
就自然界的事物而言是否美？

為了賺PV（點閱數）、提高收益，即使方法再怎麼邏輯正確，也不該把攸關人命安危的資訊當成商品，也不該以低薪雇用外國童工為前提來訂定商品價格。延續會對環境造成負擔、會剝削環境的商業模式也不美。

就公司的狀態而言、就人的行為而言，這些都不美。

經營者必須要覺得讓員工做那樣的工作，真的是非常醜陋的行為。

竊取別人的點子或同事的業績並不美。
一天到晚在公司裡搞政治也不美。
因嫉妒而說同事壞話、用謊言來遮掩失敗都不美。
一再重複這些行為的人所累積出來的面部表情真的很不美。

還有，任由自己發胖、骯髒邋遢、完全不在意穿著打扮等，當然也都不美。

最後，再讓我和各位分享一下為了實現工作之美，我個人最重視的關鍵秘訣。

那就是：

重點不在於提出什麼，而在於不提出什麼。

重點不在於說什麼，而在於不說什麼。

以我的例子來說，所謂的「什麼」，就是「什麼書」。話說得再怎麼漂亮，若是出了內容與之矛盾的書，即使只出了一本，依舊會讓一切毀於一旦。

即使平日的發言總是冠冕堂皇，也可能因為在社群網站上無心的一句話而意外暴露真實心聲。

我們總是把注意力放在要做什麼、要說什麼，但到頭來，**不說什麼才真正代表了一個人，而我們應該也是依此來判斷對方。**

重點不在於說什麼，而在於不說什麼。
重點不在於做什麼，而在於不做什麼。

一個人的美學就顯現於此。
然後，

如果不美，那就不是工作了。

結語

致台灣的讀者們：

本書的英文書名是「No Work, No Fun」——「沒有工作，就沒有樂趣」。若是把日文書名「楽しくなければ仕事じゃない」直接翻成英文，應該是「No Fun, No Work」，但本書卻刻意把英文倒過來，這其實是編輯中里先生的點子。

確實，我想透過本書傳達的，同時也是我本身實行了大半輩子的，正是「透過工作來享受人生」的道理。

本書內容是針對日本這十年來普及於年輕族群、看似合理但實際上卻會誤導工作人、甚至說得更直白點，根本就是會讓人陷入不幸的10個說法，提供不同的觀點，藉此釋放讀者的心靈。

其中，很多都是在過去或許正確的既有觀念，又或是最近才由網路及媒體所創造出來的想法。雖然一方面也擔心這些在台灣是否具共通性，但我很有信心地認為，以這些說法為起點提出的看法，應該有接近一半肯定也能讓台灣的讀者們「改變觀點」，也能帶來助益，是吧!?

幾年前，我曾為了參加台北書展而到訪台北，打從下了飛機到達飯店起，便感受到一種去其他國家及都市都不曾有過的、如家一般的舒適感。和在日本沒什麼不同，非常自在。而同時，卻也有某種熟悉的懷舊感，我想可能是因為台北有著溫暖的空氣、街道上的人們有著開朗的表情與悠閒步調的關係。

但在新冠肺炎的威脅下，以國家的數位策略為中心，台灣的先進程度可謂有目共睹。在性別差距指數上，台灣是亞洲的模範，日本則敬陪末座。數位與多樣性正是今後最重要的課題。現在，日本正試圖向台灣學習。下次去台灣時不知會有什麼樣的感覺，這令我期待著有機會能再次造訪台北。

在「前言」中我曾提過，我差不多是把 Discover 21 從 0 做到 1，又再從 1 做到了10。然後隨著二〇一九年的到來，我把從10做到100這個任務託付給了下一個世代。但當然，我自己的「No Work, No Fun」仍會繼續。

從二〇二一年開始，我又要重新啟動，再從0做到1。不過與其接著把事情從1做到10，這次我打算展開幾個小規模的「從0到1」。進入第二人生，想做的事好多好多，實在沒辦法只選出一個……與其當社長，我這個人還是適合做個創作者，終究是在創造事物的時候最開心。

下次看到我時，我可能是出了一本「No Love, No Life」或「No Fashion, No Life」的書，在替書做宣傳、演講也說不定。又或是「No Romance, No Life」!?以書為起點，與全世界的讀者暢談工作，更暢談整個人生，是我的理想。我要分享這人生百年時代的開心、美麗、總是令人興奮不已的有趣人生!!

另外，本書原是由位於東京的出版社——東洋經濟新報社的董事山崎豪敏先生所提出、邀稿，並在編輯部中里有吾先生的努力下於二〇一九年十一月出版。而此次之所以能讓台灣的讀者們也讀得到，都要歸功於本書內容有幸獲得了悅知文化總編輯葉怡慧小姐的青睞。故我要藉此機會表達誠摯的謝意。而對於當時將我們介紹給悅知文化的JCA的郭迪先生（至二〇一九年為止，他在Discover 21於我手下工作了八年之久！）以及施華琴小姐、林靜瑜小姐，我也要再次表達感謝之意。

當然最後，更要感謝現在正在閱讀本書的各位讀者朋友！非常謝謝您！

如果有任何意見、感想，請不吝透過下列管道告訴我！（請盡量用英文或日文）

期待您的回應！

個人網站｜https://www.hoshibay.com
e-mail｜info@hoshibay.com
facebook｜https://www.facebook.com/yumiko.hoshiba.5
instagram｜@moryumy

二〇二〇年　於新冠之禍下的聖誕節

干場弓子

不快樂，就不是工作

NO WORK NO FUN

作　者 | 千場弓子 Yumiko Hoshiba
譯　者 | 陳亦苓 Bready Chen
發 行 人 | 林隆奮 Frank Lin
社　長 | 蘇國林 Green Su

出版團隊

總 編 輯 | 葉怡慧 Carol Yeh
日文主編 | 許世璇 Kylie Hsu
企劃編輯 | 鄭世佳 Josephine Cheng
黃莀肴 Bess Huang
行銷企劃 | 朱韻淑 Vina Ju
封面裝幀 | 張　巖 Yen Chang
版面設計 | 張語辰 Chang Chen

行銷統籌

業務處長 | 吳宗庭 Tim Wu
業務主任 | 蘇倍生 Benson Su
業務專員 | 鍾依娟 Irina Chung
業務秘書 | 陳曉琪 Angel Chen・莊皓雯 Gia Chuang

發行公司 | 悅知文化　精誠資訊股份有限公司
105台北市松山區復興北路99號12樓
訂購專線 | (02) 2719-8811
訂購傳真 | (02) 2719-7980
專屬網址 | http://www.delightpress.com.tw
悅知客服 | cs@delightpress.com.tw
ISBN：978-986-510-119-0
建議售價 | 新台幣380元　　　首版一刷 | 2021年1月

國家圖書館出版品預行編目資料

不快樂,就不是工作/千場弓子著；陳亦苓譯. -- 初版. -- 臺北市：精誠資訊, 2021.01
面；　公分
ISBN 978-986-510-119-0 (平裝)
1.職場成功法 2.生活指導

494.35　　　109020110

建議分類 | 商業理財、成功法

No
Work
不快樂，
就不是工作
No
Fun